你不努力，

谁也给不了你想要的生活

努力不是为了给别人看的
而是为了不辜负自己

译 文◎编著

山东人民出版社·济南

国家一级出版社 全国百佳图书出版单位

图书在版编目（CIP）数据

你不努力，谁也给不了你想要的生活 / 译文编著. ——
济南：山东人民出版社，2019.10 （2023.3重印）
ISBN 978-7-209-12395-2

Ⅰ．①你… Ⅱ．①译… Ⅲ．①成功心理－通俗读物
Ⅳ．①B848.4-49

中国版本图书馆CIP数据核字(2019)第227526号

你不努力，谁也给不了你想要的生活
NI BU NULI SHUI YE GEI BU LIAO NI XIANG YAO DE SHENGHUO

译　文　编著

主管单位　山东出版传媒股份有限公司
出版发行　山东人民出版社
出 版 人　胡长青
社　　址　济南市市中区舜耕路517号
邮　　编　250003
电　　话　总编室（0531）82098914
　　　　　市场部（0531）82098027
网　　址　http://www.sd-book.com.cn
印　　装　三河市金兆印刷装订有限公司
经　　销　新华书店

规　　格　32开（145mm×210mm）
印　　张　5
字　　数　100千字
版　　次　2019年10月第1版
印　　次　2023年3月第3次
印　　数　20001－50000
ISBN 978-7-209-12395-2
定　　价　36.80元
　　　　　如有印装质量问题，请与出版社总编室联系调换。

目 录

第一章

你能改变自己的世界 ▶

打开成功大门的三把钥匙 / 2

认清自我 / 4

选择何种人生观至关重要 / 7

培养积极人生观的 10 种方法 / 9

成功的关键要素 / 11

想象成功的自我 / 13

做自己命运的主宰 / 15

明确目标是成功的第一步 / 17

找出成功目标的规则 / 19

制订人生计划 / 21

用积极的人生观迎接"暴风雨" / 23

第二章

做一个自求进步的人 ▶

拆除自我设限的墙 / 26

清除消极思想 / 29

摆脱劣根性 / 31

用积极的自我暗示提升自己 / 33

因问题而成长 / 36

每天开始新的尝试 / 38

让好点子变成现实 / 41

心灵上的不满足 / 43

发现属于你的"新大陆" / 45

日益更新，与时俱进 / 47

第三章

为明天做好准备 ▶

抓住机会 / 52

拖延症是病，得治 / 54

健康是你最大的资本 / 56

缺陷不足以成为放弃的理由 / 58

怀揣自信，勇往直前 / 60

切勿自我封闭 / 63

不断反省，不断进步 / 65

没有假如，只有不断努力 / 67

培养、维系良好的人际关系 / 69

第四章
前进的动力 ▶

内心的驱策力 / 72

寻找激励你前进的动力因素 / 74

激励自我的潜意识 / 76

点燃激励之火 / 78

让你的"能力之水"达到沸点 / 80

"情感热钮"的激励作用 / 82

学会拒绝，有勇气说不 / 85

坚持到底，梦想成真 / 87

你背脊骨很硬，你很行 / 90

指导你的思想进行自我暗示 / 93

第五章
引领你走向成功的方法诀窍 ▶

成功需要正确的方法 / 96

努力获得成功的方法诀窍 / 97

学习是成功的基础 / 100

常问自己为什么 / 102

打破传统思维，不破不立 / 103

环境因素的影响 / 106

选择利于发展的环境 / 108

善于借用别人的方法诀窍 / 111

失败是培养成功的营养素 / 113

找出前进的正确路线 / 114

找到适合自身的方法诀窍 / 116

第六章
行动是成功的动力 ▶

坐而言不如起而行 / 120

千里之行，始于足下 / 121

迈进未知领域的第一步 / 123

要么奋勇向前，要么灰心丧气 / 126

追求梦寐以求的事物 / 129

如何克服畏惧心理 / 131

做你害怕去做的事 / 133

现在就行动 / 136

变不可能为可能 / 138

观察之后再行动 / 140

行动敏捷，抢占先机 / 142

走出自己的路 / 144

用微笑来迎接每一个早晨 / 146

对自己负责 / 147

你也能创造奇迹 / 150

成功的蓝图 / 152

你能改变自己的世界

一个人一生的成败，人生观要起很大的作用。积极的人生观可以使你满怀信心地看人看事，大有作为，前途无量；而消极的人生观则使你怨天尤人，鼠目寸光，毫无进取的希望。如果在前进的道路上你经常往坏的方面想，那么你将错失许多"成功的机会"。相反地，若是你一直往好的方面去思考，你就会挖掘出许多意想不到的机会。要想取得成就，要想登上成功的顶峰，就要完全依靠自己。正如克里蒙特·斯通所说："你是你的遗传、环境、身体、意识、思想、经验以及当时当地的特殊环境和观念的产物……你有力量去影响、使用、控制或协调这些力量。你也可以指导你的思想、控制你的情绪以及改变你的命运。"

打开成功大门的三把钥匙

克里蒙特·斯通 6 岁时，就开始在民风强悍的芝加哥南部卖报纸维持生计。当时比他大的孩子已经占据了人潮最多的街角，叫卖的声音很大，而且还紧握着拳头威胁他。在那段灰暗的日子里，斯通最想去卖报的地方是胡乐饭店，因为饭店生意很好，客人很多。但对于一个 6 岁的孩子来说，还真有点勉为其难，尽管斯通非常紧张，但他还是很快地走进去，并很幸运地在第一张桌子旁卖出一份报纸。之后，在第二张和第三张桌子上吃饭的客人，也都向他买了报纸。就在他走向第四张桌子的时候，胡乐先生把他赶出了饭店的大门。

由于斯通已经卖出了三份报纸，销路还不错。因此，当胡乐先生不注意的时候，斯通又溜进饭店大门，走向第四张桌的客人。那位和气的客人显然很喜欢他不屈不挠的精神，在胡乐先生还没来得及把斯通推出去之前他付了报纸钱，还多给了一毛小费。被赶出饭店的斯通想到他已经卖出了四份报纸，还得了一毛钱"奖金"，便又走进饭店，开始卖报。饭店里哄堂大笑，客人们似乎都喜欢看斯通和胡乐先生玩捉迷藏。当胡乐先生再次向斯通走来的时候，一位客人开口说："让他在这里好了。" 5 分钟后，斯通卖完了所有的报纸。

第二天晚上斯通又走进了那家饭店，而胡乐先生再次领着他走出门。但是当斯通再度走进去的时候，胡乐先生两手上举，表示投降地说："我真拿你没办法！"后来，他们成为非常好的朋友，而斯通在饭店里卖报纸，也就不再有什么问题了。

多年后，当已拥有一个保险王国的斯通回忆自己那段卖报经历时，他得出如下结论：

1. 当时如果他的报纸卖不出去，那些报纸对他来说一文不值。他不但看不懂那些报纸，连借来卖报纸的本钱都要赔进去。对一个6岁大的男孩来说，这种灾难足以威胁他，使他必须想办法努力把报纸卖掉。因此，他有了成功所必须具备的"激励因素"。

2. 当他第一次成功地在饭店卖出第三份报纸后，纵然他知道再走进饭店，老板一定会给他难堪，并再次赶他出来，但他还是走了进去。三进三出之后，他已经学到在饭店里卖报纸所必需的技巧。因此，他找到了正确的"方法诀窍"。

3. 他知道要说些什么，因为他已经学到了一些大孩子的叫卖方式。他所要做的，只是走近一个客人，以较柔和的声音重复说出那些话。只要他付诸"行动"，就会成功地卖出报纸。

正是这个小报童所使用的技巧，后来成为一套可以获得成功的定律，使他以及很多人获得了成功和财富。现在，请你记住这三个要素：激励、方法诀窍和行动。这三个要素是成功定律的钥匙，将帮你打开成功之门，使你的世界发生巨大的改变。

认清自我

在打开成功大门之前，我们首先必须认清自我。因为自我是体现人生价值观的主体，在这个主体之上有一块"隐形护身符"，它能化解不幸，也能阻挡好运，关键在于如何运用它。

你的人生观就是自己的"护身符"，一面刻着 PMA（Positive mental attitude 积极的人生观），另一面刻着 NMA（Negative mental attitude 消极的人生观），这两种人生观所产生的威力相当。PMA 是不分什么情况一律保持积极心态，它可以吸引善良和美好的事物；而 NMA 会排斥它们，它是一种消极的人生观，会赶走你生命中所有值得争取的东西。

下面这个故事可以说明"隐形护身符"的功用。

傅勒是路易斯安那州一个黑人佃农的 7 个孩子之一，他 5 岁时就开始工作，9 岁时已经在赶骡子了。这并没有什么稀奇，因为大多数佃农的小孩都是从小就工作。这些家庭对于穷困已经认命，从不敢奢望过更好的生活。

但傅勒有个了不起的母亲。虽然她的生活只能维持温饱，却不希望自己的孩子也如此。她认为在一个欢乐、富裕的世界里，自己和家人居然只能勉强度日，一定有什么地方不对，因此，她常常对傅勒说："我们所以穷，不是命该如此，而是你父亲从来不图什么财富，我们家也没人想要改变现状。"

"没有人想要改变现状"，这句话深深地印在傅勒的脑海中，结果竟改变了他的一生。他开始希望发财，并把全部的心思放在自己的目标上，绝不想自己不要的。他认为最快的赚钱方法就是卖东西，因而选择了卖肥皂。他挨家挨户地去推销，一卖就是 12 年。后来听说供应他肥皂的那家公司要拍卖，定价是 15 万美元。而傅勒卖了 12 年的东西，他尽量节省每一分钱，总共存了 2.5 万美元。傅勒和那家公司的老板联系后，对方同意他先付 2.5 万美元的定金，余款 12.5 万美元则要在 10 天内付清，并且合约上写明，假使他在期限内筹不出来，定金就要被没收。

傅勒担任肥皂推销员的 12 年中，受到了许多生意人的尊敬和称赞，他去向他们求援，另外他还从自己的朋友、借贷公司与投资公司那里借到了钱。到了第 10 天的前夕，他已经凑到了 11.5 万美元，还差 1 万美元。

为了找到一个可以及时借他 1 万美元的人，已经晚上 11 点多了，傅勒仍然沿着芝加哥第 61 街往前走。他走过几条街，最后终于看到一家公司的窗子里有亮光透出来。

他走了进去，里面坐着一个一直在工作，并且看上去已经很累的人。

"你想赚一千美元吗？"虽然傅勒跟这个人并不熟，但他还是壮起胆来，单刀直入地问。

那位商人给这一问吓了一跳。"想啊!"他说，"当然想。"

"那就开一张一万美元的支票吧，等我还钱的时候，就把一千美元利息带来。"傅勒说道，同时他把那些愿意借钱给他的人的姓名都告诉给这位承包商，并详细解释他想开拓哪些行业。

傅勒于当晚离开时，口袋里已经装了一万美元的支票。今天他不只拥有那家肥皂公司大部分的股份，还拥有另外七家公司的股份，包括四家化妆品公司、一家针织公司和一家标签公司以及一家报社。总结自己成功的经验，傅勒说："知道自己要什么，在看到它时，才会一眼就能认出。没有人天生就是贫穷的，只要保持一种积极进取的心态，任何人都会成功!"

从傅勒的故事我们可以看到，他随身带着的这块"护身符"，一面刻着 PMA，另一面则刻着 NMA。他把刻有 PMA 那一面朝上，结果发生令人惊奇的事，他居然实现了先前只是白日梦的愿望，并彻底改变了自己的人生。

成功对你而言，不论是像傅勒一样的致富，还是发现一种新的化学元素，创作一首乐曲，种植一株玫瑰或养育子女——不论成功的含义是什么——这块一面刻着 PMA，另一面刻着 NMA 的"隐形护身符"都能帮你做到。你可以利用 PMA 把好的、你想要的东西吸引过来，也可以用 NMA 把它们赶走。

选择何种人生观至关重要

前面我们提到"隐形护身符"的 NMA 具有消极排斥作用，的确，抱着消极人生观的人很容易放弃努力，很容易屈服于疑虑和担心。消极的人生观使你一无所得，它会对你说，你注定是要失败的，你根本就不具备成功者的条件。消极的人生观使你成为一个"总是认为自己不可能成功的幻想家"。

一旦你头脑里充斥着消极的人生观会怎样呢？消极的态度和思想会带给你消极的情绪，包括：

担忧　紧张　失望　内疚　愤怒
嫉妒　焦虑　懊悔　怀疑　悲观

这些情绪都是有害的，是你应尽力加以摆脱的。自己主宰生活所需要的东西是积极的人生观，而积极的人生观带来的情绪有：

希望　决心　愉快　信任　自尊
乐观　自信　胆量　抱负　自由

这些才是你所需要的、健康的情绪。所以，你应该培养一种积极的人生观。

到底选择哪一种人生观要取决于你。福特汽车公司的创始人亨利·福特曾说过："认为自己能做到或认为自己做不到，是两种截然不同的人生观，你完全可以选择对你有益的那种。"

你必须认为并确信自己能行，你必须具有积极的人生观。生活中，积极的人生观犹如汽车的马力，马力低意味着输出低、速度慢，而马力越大，输出就越大，速度也越快。

你必须有高的输出，你必须在通往目标的征途上勇往直前，你必须具有积极的人生观。要想做到这些，首先，你应该对自己有信心，相信自己能有所成。

每当消极悲观的念头进入你的脑海时，你应该加以排斥。你应该尽量减少与那些抱有消极思想的人交往，以免他们把消极人生观传染给你。事实上，那种抱有消极人生观的人十有八九是在表明这样的思想："我不能成功。我什么事情都做不好，所以，我要每个人都相信那些能做事的人都是傻瓜。"千万不要受这种人的影响！不要让这种人把你也改造成像他们那样一天到晚都郁郁寡欢的人。

有人曾对大学生做过一项研究；结果表明：那些认为自己学不好的学生的确学不好；相反，那些认为自己能学得好的学生的确学业优秀。这便是积极的人生观与消极的人生观造成的差别。所以你必须小心，随时注意不要让消极的人生观影响你的生活，你应该选择帮助你拥有成功、幸福的积极人生观！

培养积极人生观的 10 种方法

我们不仅要选择积极的人生观来帮助自己走向成功，还应努力培养积极的人生观，积极的人生观是指以愉快、乐观迎接每一种状况的心智态度。具有积极人生观的人视他的杯子半满而非半空；他视挫折为一时现象，视问题为机会；他决心保持他的泰然自若和自我控制，当四周的人都失去理智的时候，他仍能保持他自己的信念，奋发有为。

你想成为具有热忱、乐观、信心的人吗？这里将为你介绍培养积极人生观的 10 种方法。

1. 热忱

行动热忱，动作积极有力，说话时使用肯定的语句而不用否定语句。把"我能"和"我要"的话一天至少两次用在谈话中。

2. 仪表为人

待人要有礼貌，多说"请""谢谢"和"不必客气"。别人有好的地方给予赞扬，在别人的行为中寻找优点和好的一面。

3. 主动

积极行动而不是等着别人去做，凡事积极主动才能获得先机。这样，无论在工作还是生活中，都能因先行一步而占据上风。

4. 团队精神

对别人的观念和行动给予肯定的反应，接受别人的观念就好像是自己的观念一样，告诉别人你对他们有信心，使他们愿意与你合作，发挥群策群力的效应。

5. 保持愉快的心情

如果每天早晨在愉快、积极的气氛中醒来，加深要度过愉快的一天的潜意识，那么一天的心情都会感到舒畅。若因无谓的事而烦恼、不愉快时，应及时注意纠正。

6. 心胸要宽广

走路时，不要两眼看着地面，应该抬头挺胸、昂首阔步，切不可妄自菲薄。要消除孤立的心态，毅然走出自我封闭的状态，这样你就会看到充满幸福、希望的美好事物。

7. 不要说"不"

振作精神，无论你遇到多么困难的工作，都应认真思考解决的办法。不可推脱敷衍，应不怕麻烦，不要把时间浪费在无谓的担忧上，不要替自己找寻借口。要知道，"天下无难事"，你要绝不说"不"。

8. 虚心接受批评

假如无意中做了错事，没有必要找借口，这样做并不能改变事实，而应力求下一次把事情做得更好。为此你应该接受别人善意的批评，把它看成一种激励力量，不应心存芥蒂，产生抵触情绪。

9. 不可随便批评别人

不要故意给人难堪，不可对人吹毛求疵，而应处处与人为善。应去发现别人的优点，多替他人着想，不要使别人因你的批评而丧失信心。

10. 要多与思想积极的人交往

人往往在不知不觉中，受到别人的影响。因此择友务必慎重，最好远离那些消极悲观的人，多和乐观爽朗、处事通达的人交往，使自己常处在积极的气氛中。

如果你能试着按照以上的方法去做，相信你的人生一定会出现一种全新的境界，充满鲜花和阳光，令你更有信心和希望，消除消极的人生观，从而使你走上成功之路。

成功的关键要素

我们之所以要拒绝阻挡好运的消极人生观，培养积极人生观，是因为积极的人生观是走向成功的要素之一。如果你能把积极的人生观和下面的这些成功要素联合起来，运用在自己的学业上或生活中，那么你就已经踏上正确的成功之路，一定会获得巨大的成就。

这些成功要素并不是凭空捏造的，而是克里蒙特·斯通的好友、精神励志导师拿破仑·希尔从 19 世纪美国千百个成功人士的经验中得来的精华，其中包括：积极的人生观，明确的目标，多走一步，缜密的思考，自律，控制自己的心智，运用信心，和蔼可亲的个性，上进心，热忱，全神贯注，团队精神，从挫折中学习，富有创意的远见，控制时间和金钱，保持身心健康，运用自然规律。这些成功要素与前面所提到的培养积极人生观的几种方法相辅相成。所以，在日常生活中，唯有灵活地运用上述要素，才可以培养出积极的人生观并且永远保持下去。

如果你拥有积极的人生观，却默默无闻，这是什么原因呢？假使你运用了积极人生观却不成功，很可能是你忘了把一些必要的要素与积极人生观合并运用，因而无法达成心愿。

现在你就勇敢地分析自己吧，看看这些要素中，自己习惯运用的是哪几项，而哪些又是自己一直忽略的。

要想成功地改变你的世界，你应把这些要素作为衡量标准，分析自己的成功和失败，这样你就能很快地明白是什么在妨碍你前进。

想象成功的自我

　　将积极的人生观与成功的要素相结合，就会有所作为，那么，你有没有想过成功的你，究竟是什么样呢？现在让我们来想象一部影片，这是一部有关你的影片。首先请你闭上眼睛，想一想 5 年后自己的生活状况。

　　你会不会看到这样的情形：有个成功者，他住的是大房子，开的是跑车，从事的是高薪工作，邻居都是些心地善良的好人……这一切你都看见了没有？

　　克里蒙特·斯通经常对他公司的员工说，未来美好的生活总是起源于最简单的构思。通过想象你会建立起成功的欲望和一系列成功的目标。你或许会觉得这是个荒谬的空想，几乎是不着边际的。可是，事实已经证明，人类有能力去创造出他们想象到的一切。

　　西奥多·盖塞尔是当代最富有想象力的人之一。你或许不熟悉这个名字，但提到著有多部儿童读物的苏士博士，也许你对他就不陌生了。苏士博士就是盖塞尔的笔名。

　　如今有成千上万的孩子被苏士博士书中描写的那些富有冒险精神和创造活力的主人公迷住了，可当初盖塞尔从事写作时，不得不在很长时间内把自己的理想埋藏在心底。他为自己的第一部书画了插图，可出版社没有接受。

苏士博士没有轻易地放弃努力。当时他想象自己的作品会像今天这样受到读者的热烈欢迎，因此他没有灰心。他把书稿送交给另一家出版社，出版社说不行；再送一家，还是说不行……然而一次次的打击并没有使他屈服，终于，他敲开了第 28 家出版社的大门。这套儿童读物也终于同读者见面了。

苏士博士用想象描绘了理想，用信心实现了理想。

现在，你一定明白了，运用你的想象去描绘自己的理想并不是浪费时间，世上的任何事情都曾经是或将会是人们通过自身想象加以实现的。

为了增强自我成功的概念，你不妨在开始的时候利用积极的人生观，塑造一个成功的自我形象——一个能够决定自己生活的人。把自己想象成一个不受宣传广告、商业利益和其他操纵者压力影响的人。一旦你把自我概念化为行动，你就变成真实的自我，你的创建性思想会像灯塔一样，引导你走向成功。

如果你能想象成功的自我，你便会是成功者；如果你能想象一个幸福乐观的自我，你就会是一个幸福乐观的人。

当你乐观地迎接每一天，享受到想象成真的喜悦时，你对自己就会越来越有信心，因为你知道自己有能力实现梦想。相反，如果你只会一味抗拒现状，根本不敢设想自己的未来，那么你的生命不但不会发生惊喜，你也摆脱不了困境。

为了达成个人成就，我们必须积极追求真正的愿望。

"逃避"或"抗拒"现况并非我们真正的心愿，它们只会模糊我们奋斗的焦点，削弱我们的实力，让我们觉得自己永远不能成功。而大胆的想象能给予我们无穷的力量，使我们勇于面对一切困难，从而走向成功。

做自己命运的主宰

在贯穿人一生的活动中，大多数人仅仅利用了自身能力的 10％。而你想象中成功的自我，是不是就靠着这 10％的能力完成了学业，终生从事一种工作，生活得平淡无奇呢？这就是你希望的生活吗？

你过去的生活仍在今天延续，尽管你对许多事情抱怨不已，祈求着、期望着：落后于时代的"废物"应抛弃，我们的生活应变得更加美好。可与此同时你却懒得动一动手、伸一伸脚。如果你希望改变自己的命运，拥有真正的成功，就应为此付出努力。

只有你自己才能改变自己的生活，才能发掘出自身更多的潜力，做更多的事情，成为你想成为的人。

玛丽·克劳莉的母亲在她出生刚 18 个月时就因肺炎不幸去世，可怜的小玛丽被祖母领到一个农场。在农场里，小玛丽没过上一天舒心的日子，她小小年纪就开始做杂事，一直干到 15 岁。

玛丽的童年是在孤独之中度过的，在她比与她年纪相仿的其他孩子先读完中学后，她受不了孤独感的折磨，渴望有人来关心她、支持她，她早早地找了个丈夫。可由于草率成婚，这个匆忙建立起来的家庭没过多久就彻底破裂了，她不得不一个人承担起抚养两个孩子的义务。尽管她找到了一份工作，可那点微薄的工资又哪够维持一家人的生活呢？

玛丽开始忧虑起自己的命运。她反复问自己，她是只配做个含辛茹苦地拉扯孩子、斤斤计较每一分钱的小人物呢？还是能成为主宰自己的人？当她明确了自己的选择后，做出了决定：她决定要改变目前的窘境，要超越现在的自我。

于是，她进会计班学习，并寻到一份好工作。白天她整日工作，晚上就去南麦塞德恩特大学上课，即使周末也不休息。

直到有一天，当玛丽发现自己对家庭装饰比较喜欢时，她就辞去了会计工作，把活动阵地移到了自己家里。她把家里布置得很漂亮，并且经常举行各种聚会。当活动进行到高潮时，她亮出各式各样的商品，然后向在场的人兜售，无疑，此举获得了成功。接下来，她成立了一个家用百货进口公司。不久，她又创建了家庭装潢和礼品有限公司，跻身于商界。她的人生开始了新的篇章。

现在，玛丽的公司雇有 2.3 万名销售代理人，遍布于美国的 49 个州。她还鼓励并出资培训了不少妇女从事商业活动。她的收入相当可观，足以支付她的任何花费。不论是从事大的事业，还是安享快乐的家庭生活，对她来说都不是什么可望而不可即的事情了。

玛丽成了各种团体追逐的对象，许多社团组织都请她去演讲，她是第一位进入达拉斯商会的妇女。玛丽之所以会取得这样辉煌的成果，是因为她在极其困难的条件下不甘自生自灭，决心要改变自己的生活。用她自己的话说："我相信我一定能改变自己的世界！"她把这一积极乐观的信念贯彻到行动中，结果她成功了。相比之下，既然玛丽能改变自己的生活，你为什么不能？行动吧！激发你自身的无限潜能，做你命运的主宰者，你一定能改变自己的生活！

明确目标是成功的第一步

从一个普通的家庭妇女，到一个在商界叱咤风云的佼佼者，玛丽·克劳莉所走过的成功之路告诉我们：成功者和失败者之间最大的区别就在于是否能够明确目标。目标直接决定着你的成功，并为你的人生赋予许多重大的意义。

无论何时，当你在内心的深处问及自己下面这些问题时，都是你所追求的目标在影响着你：

⊙我要努力实现什么？

⊙我明天要去做什么？

⊙我长大后要成为一个什么样的人？

⊙我要怎样度过我的一生？

⊙人生的意义何在？

⊙我现在要做些什么？

目标是目的达到后状况的描述，也是意志所要求的行动结果的陈述。目标并不是方向，而是真正的目的地。生活中许多人之所以没有成功，主要原因就是他们往往不明确自己行动的目标。我们必须首先确定自己想干什么，然后才能达到自己预定的目标。同样，只有明确自己想成为怎样的人，才能把自己造就成那样的有用之才。

一位父亲带着3个儿子，到沙漠去猎杀骆驼。

他们到达了目的地后，父亲问老大："你看到了什么呢？"

老大回答："我看到了猎枪、骆驼，还有一望无际的沙漠。"

父亲摇了摇头，然后又以相同的问题问老二。

老二回答："我看到了爸爸、大哥、弟弟、猎枪、骆驼，还有一望无际的沙漠。"

父亲又摇摇头，问了老三。

老三回答："我只看到了骆驼。"

父亲高兴地点点头，说："答对了。"

这个故事告诉我们：一个人若想走上成功之路，首先必须有明确的目标。目标一经确立，就要心无旁骛，集中全部精力，勇往直前。

你也应该培养自己的某些强烈的期望，并把它们转变成你生活中的具体目标。现在就请拿起你的笔，把你的某些目标具体描述下来吧！

找出成功目标的规则

我们要怎样做，才能找出自己成功的目标呢？只要遵循着如下规则即可。

规则一：找出自己确实想要的事物、想去的地方——有形及无形的。

规则二：将这些成功的目标排出先后顺序。也就是说，哪些目标会自动引出下一个目标，而哪一些是当务之急的。

规则三：一旦明确了自己的目标，便开始规划要如何去完成它们。

要达到一个目标，你必须事先要有一个清楚的概念。因此，你要着手决定你在远期、中期以及近期真正所要的是什么。如果你现在还不能够决定你长期和中期的目标，你就要加油了。对你最有利的是你应该在这个时候决定你的一般目标是什么：要具有健全的身体和心智；要获得财富；要成为一名品行良好的人；要成为一个好的公民、好父亲或母亲、好丈夫或太太、好儿子或女儿……

每个人都有眼前的特定目标。例如，你准备明天做什么，或希望下个星期与下个月做什么。你最好把有助于你达到中期和远期目标的近期特定目标写下来，这样目标会更容易实现。但重要的是，你必须想要达到这些目标。

譬如说，你对自己在学校里的学习成绩不够满意，想改变自己的落后状况，取得更高分数，那么你就必须确立一个你所向往的明确目标，而不是含糊其词的想法。像"我想学好更多的课程"或者"我想取得更好的成绩"的想法是不行的，你的期望必须是一种具体的目标。

如果你目前的理想和愿望还不够明确，不足以成为一个目标，那就这样试一试：像前面"想象成功的自我"中所说的那样，想象5年后的你。你可以自问："我想读研究生或博士吗？我想做什么样的工作？我期望过什么样的家庭生活？我喜欢住什么样的房子？我想赚多少钱？我想结交什么样的朋友……"

你还可以这样试一试：在一周内每天花10分钟列出所有你能考虑到的目标。一星期后你手头就会有几十个甚至上百个可能实现的目标。这样做会迫使你写出自己的愿望，这是开始把你的目标变为具体要求的最好方法。

树立目标的最大价值在于可以避免浪费时间，避免漫无目的地瞎干。而无论你采用什么原则，一定要运用积极的人生观才能实现你生命中的高尚目标。积极的人生观是一种催化剂，使各种成功要素共同发生作用来帮助你实现目标，而消极的人生观也是一种催化剂，却会造成罪恶、灾难等一系列悲剧。

明确目标是成功之始，而一个积极向上的目标会使你变得强大有力，会使你胸怀远大的抱负；积极的目标在你失败时会赋予你再去尝试的勇气，会使你不断向前奋进；积极的目标会给你前进的动力，使你避免倒退，不再为过去担忧；积极的目标会使你理想中的"我"与现实中的"我"统一，使你走向成功之路！

制订人生计划

一个人要想成功：首先要具有强烈的期望，然后再把期望变成一种积极向上的目标，而为了达到这一目标还得制订一项计划，以使其成为现实。

许多人确定了自己的目标，最终却未能实现，究其原因，不是因为其目标不切实际或无价值，而是由于确定目标的人没有制订出一项针对这些目标的行动计划。

你是在浑浑噩噩地过日子，还是在快乐地享受生命时光，这要取决于你是否懂得安排自己的人生，妥善地规划每一天。克里蒙特·斯通曾说过："你若不懂得规划自己，别人将会规划你的未来。"而制订计划的最大好处就是它可以明确地告诉你，应该做什么，应该什么时候去做。计划制订得越好，就越有可能达到目标。

譬如你准备造幢房子，那你首先得绘一幅蓝图——一张详细的设计图纸，使人一眼看上去就能知道房子是什么样式的，房间规格多少，窗户如何安置，等等。而为了将这幢房子造好，你必须反复思考，再三斟酌，认真制订行动步骤，否则你将一事无成。

同样，当我们确定了人生理想后，便可以规划出属于自己的长、中、短程计划。为了更精确地掌握进度，我们可以制订年计划，依年计划再切割成季计划，由季计划再区分为月计划，月计划中有周计划，周计划中还有日计划。如果在每一天的计划中，你可能有 10 件事必须完成，那么你可依 ABC 来分类，以区分其重要程度，并确保将一天中最重要的事完成。这样经过每一天的累积，你就拥有了一个不断积极进取的人生。

只有当你明确了自己的人生理想或某一阶段的人生目标，并以此来规划自己的人生时，你的生命才会具有活力，充满热情。当你在前一天晚上就已经清楚地知道第二天应做些什么时，你会变得更加从容。因此，赶快制订你的人生计划，并认真执行吧，这会使你的世界由最初的杂乱无章而发生彻底的改变！

用积极的人生观迎接"暴风雨"

在成功这条道路上，也许你已经明确了自己的目标，并制定好实施计划，然而"计划没有变化快"，在面对那些突如其来的难题时，你该怎么办呢？正如克里蒙特·斯通所说，没有风雨的考验，就分不出真正的高手；没有困难的阻隔，就锻炼不出求生的本能。正是暴风雨的来临，才使你能及时武装自己，不再甘于平庸。

1929 年的 10 月，看起来一切平静，但是一场"暴风雨"突然袭击了美国。这场"暴风雨"比任何已知的自然灾难都更具破坏性，危害更久。在经过 24 日黑色星期四那令人不安的平静之后，这场"风暴"袭击到美国的每个地方。到了29 日黑色星期二这一天，股票市场崩溃了。接着是更多的混乱，最后金融飓风以最大的力量袭来，并且达到最高峰——1933 年 3 月 6 日"银行假日"。

当时报纸上每天都刊载了很多悲剧故事。1928 年在一个俱乐部里，克里蒙特·斯通曾遇到过一个极有才干的青年股票经纪商。后来当斯通在报上看到这个青年自杀的报道时，对于他以及像他一样以自我毁灭来应付这个难关的人，斯通感到怜悯和同情。怜悯，是因为这个青年事前没有培养出正确的人生观，不能迎接生命中的紧急灾难；同情，是因为他精神脆弱、恐惧、无助而失败。

无论在人生的晴雨表上遇到什么样的天气，我们都应当将自己的人生观由不好的、消极的转变成正确的、积极的。而一旦有了这种积极的人生观，新的生活就会到来，并带来新的力量和新的进步。

对生活有积极反应是件好事。例如，你生病后去看医生。医生诊断过后，给你开了药，叫你过几天再回诊。如果你第二次去的时候，一走进诊疗室，医生就笑着说："你看起来好极了，显然上次给你开的药效果很好！"你听了之后必定觉得如释重负。

在你周围都有积极因素可供你去发掘。如果你要成为成功者，你就要发掘这些积极因素，现在马上就去发掘！

你年年都在谈论和回味那些消极泄气的事情，有什么用吗？没有！这样做所起的作用只不过是带来更多的消极因素，产生更多的泄气念头，出现更多忧心忡忡的烦恼。

所以，要把你那老一套丢开。消极因素不可能使你取得成功。而一旦发现了消极因素，就要消除干净。这样，你才能着手盘算如何愉快起来。你应多与人谈论欢乐的时刻、光明未来的计划，并为自己以往的回忆和现在体验到的积极因素而感到高兴。这样你内心深处便会产生出积极的行动和情绪，使你勇于面对人生的任何考验！

做一个自求进步的人

对自己的现状感到不满而觉得痛苦悔恨，同时为实现自己的希望和目标开始不懈地努力、拼搏、奋斗，这样的人是善于抓住人生和自我的人。成功的机遇和好运也更青睐这些不断进取、不断追求的人。

相反，凡事都听凭命运的安排，遇到困难就认为是上帝的惩罚而很快放弃进取的人，是一种彻头彻尾的宿命论者，遇事怕麻烦，心甘情愿地向现实屈服，毫无振作奋发的朝气，其人生路上的坎坷和不顺将很难得到改变。

做一个不断追求进步的人吧，以积极进取的态度，去前行，去迎接困难的考验，前途才将一片光明！

拆除自我设限的墙

作为一个成功致富大师，克里蒙特·斯通经常激励他周围的人努力做一个自求进步的人，以获得杰出的成就。斯通认为任何自求进步的人，都可以达到他的目标，只要他能经常努力培养身体、心智和道德方面的健康，而不要给自己修一道看不见的墙。

在公元前 3 世纪，秦始皇修了两道墙——一道是著名的长城，而同时他又修了一道"看不见的墙"。长城长 8 000 多里，上面有 2.5 万个守望台，它成功地防御了外敌入侵，但同时也阻止了这个世界古国的文明向外流出，影响了中国与世界的交流。

现在或许你该问问自己：

"我有没有给自己建立了一道看不见的墙？"

"自从离开学校以后，我有没有去探寻新的想法、观念？"

"我有没有跟上这个时代的经济、社会、科学、政治以及其他方面的发展？"

"我有没有看过一本自我激励的书，就好像这本书的作者是我的一个好朋友，专门为我一个人写的一样？"

"我是不是已经学完了我将会学到的每一项基本原则？"

我们必须拆除自己心中很多设限的墙。然而，正如美国著名文学家爱默生所说："我们心里的一道墙，永远比外面的那一个墙，难以打破。"那么这个心里的墙，到底是哪些墙呢？

1. 错看自己之墙

错看自己，以为自己这一生就到此为止。人家问："你为什么不住大一点儿的房子？""我们家人少，住那么大间做什么！"——其实是没有能力买。

所以试想：一个人如果总是持这样消极的态度，永远虚伪地戴着面具跟别人相处，就会产生错误的墙——错看自己之墙。

SMI 即"成功激励学院"，这个企业规模非常大，而它的创始人保罗·麦尔当年开始的第一个事业却是卖保险。刚开始保罗·麦尔与他的同事去找顾客时，他总是躲在墙角边，静静地观察同事与顾客的互动。所以，公司给他的评语是：内向、退缩、毫无志向、没有远大的理想，欠缺人生的动力。言下之意是叫他自动离职。然而，这些话刺激了保罗·麦尔。他暗想：我绝不是这样！我绝对有能力改变我的命运！于是，他毅然决定去接受训练。经过两年的培训，保罗·麦尔脱胎换骨。后来他自己决心要创业，而他出来做的第一项事业，就是成立 SMI——"成功激励学院"。从保罗·麦尔的故事中，我们可知道有一道墙，一定要自己去打破，才不会"错看自己"！

"错看自己"包括小看自己和过度地吹捧自己，而要真正地了解自己，取得更大的进步，你必须想办法打破这道墙。

2. 完美主义之墙

第二道也必须要去打破的墙，叫"完美主义之墙"。

很多完美主义者认为自己必须完美无缺，万事能晓，无所不能，这是理性的想法。但再能干的人也有缺点，"金无足赤，人无完人"。

人一定要承认自己的不完美。比如说，全世界最出色的足球选手，他传的10次球，会有4次失误！最出色的篮球选手，他投篮命中率，也不是百分之百。所以，人不能够期望有这种"完美的墙"，完美主义会让我们在做不到的时候，使我们变得自卑，以至于放弃自己，不思进取。

要建立你自己的生活，做一名有益于自己以及有益于全人类的人，你必须从内心里要求进步。因为要从外面获得帮助，从你所能找到的任何事物中吸收好的部分，必须从内心开始，要以正确的心智态度来看待人、事、知识、习惯、信仰——不论是你自己或别人。

你有没有在你内心里建立起一道极为坚固的墙，以致阻止了任何启发性的想法进入你的内心，而使得你的前途落在你的后面？

如果确实有那道看不见的墙，你必须把这些墙拆掉。

清除消极思想

如同垃圾不清除，环境会受到污染一样，心灵也需要环保。许多人心中常有恐惧、猜疑、自怨、自怜、嫉妒、不信任、悔恨等阻碍其前进的负面情绪，而只有通过自我不断清除这些障碍，才能释放自身无限的潜能。

你怎么想，你就是什么。你的思想是依你的人生观之积极或消极而定。

你是个好人吗？如果你回答"是"，那么你便有好思想。

你健康不健康？如果是，你的思想便很健康。

成功导师拿破仑·希尔在《思考的力量》一书中，曾将消极思想概括为以下几个方面：

（1）负面的感觉、情绪、习惯、信仰以及偏见；

（2）只见到别人脸上的灰尘；

（3）语意不明所造成的争辩和误解；

（4）错误的前提所造成的错误结论；

（5）以笼统的、限定性的字词作为基本前提或小前提；

（6）以为需要会使人不诚实；

（7）不洁的思想和习惯。

由此可见，各式各样的消极思想有很多——有的小、有的大、有的脆弱、有的强韧。要是你把自己思想的消极方面统统列出来，一条条仔细研究，你会发现它们全是消极人生观造成的。

同时仔细想一想，你还会发现消极思想中的懒惰会让你什么也不想做；或者反过来说，如果你的方向不对，它会让你继续往前推进，使你的错误越陷越深。

假使你做决定时不肯保持开朗的心情，不去明了事实，这就是"无知"，消极思想便依靠无知而存在。

抱有积极人生观的人也许并不了解事情的真相，也可能根本不懂，却了解真理就是真理这个基本前提。因此他能极力保持一颗开放的心，不断地学习，他会根据自己知道的来做结论，也随时准备更进一步地改善自己。

你是否能经常清除自己的消极思想呢？

我们总是在意想不到的时候产生出不愉快的想法。所以重要的是，不但要学会如何排除掉不愉快的想法，还要学会怎样把腾空了的地方装上健康而积极的念头和想法。

昨日已逝，明日尚有许多不可知，唯有把握好今天，才有未来的成功。所以，绝对不要为过去的事后悔，要让自己的内心永远保持积极进取，这样才能使自己的人生更进一步。

摆脱劣根性

美国伟大的心理学家威廉·詹姆士曾说过："正像我们零碎喝了好多酒而变成酒鬼一样，我们也可做很多零碎的事情和很多小时的工作，而变成权威人物和专家。"他强调戒除任何不良习惯的重要原则是断然戒除，让每一个人都知道你戒除了这个习惯，"永远不要让一次例外发生，这有利于我们培养高尚的道德标准，成为一个不断进步的人！"

当你做了不正当的事时，你明明知道它不正当，但你还是做了。那是因为你还不能有效地控制或化解内心中诱惑你去做这些不正当事情的强烈力量，或者是因为你已经养成了不正当的习惯，而不知道如何有效地戒除。现在重要的是你要认识一个真理：你应做你要去做的事情。

你可以说你必须做某一件事，或者被迫做某一件事，但是事实上不论你做什么，你都是经过选择的。只有你具有为自己选择的力量。你应依照意志说："我要去做。"

你或许会这样问："但是劣根性又怎么解释呢？"

下面的故事，说的就是一位年轻人如何有效地保护他自己，控制了遗传的劣根性而没有受到重大的伤害。

克里蒙特·斯通在参加芝加哥高级干部推销俱乐部开会

之前举行的一个鸡尾酒会上，认识了博布·冠兰。当时斯通问博布："你要一杯威士忌，还要一杯波本？"

博布微笑着回答："这两样酒我都不要。我不喝酒。"犹豫了几秒钟之后，博布问："你想知道我为什么不喝酒吗？"

斯通回答说他很想知道。博布继续说："你知道我父亲。每个人都知道他的名字，大家都认为他在那一行中是个天才。他是最好的人。我母亲也很崇拜他。但是母亲承受了令人难以相信的痛苦，因为父亲是个酒鬼。"

"在有些年里父亲的收入高达 5 万美元，可是，我们家里却常缺钱用。更糟糕的是，我母亲受尽羞辱、痛苦和恐惧的折磨。"他停了一下又继续说："我爱我母亲，我也爱我父亲。我不责备他。但是当我还是孩子的时候，我就决定，如果像我父亲那样聪明的好人，因酗酒而给家庭带来那么多不幸，我就永远不喝酒。我是他的儿子，我可能遗传他酗酒的倾向，即使我没有从遗传中得到这种劣根性，但我永远不喝酒，我想你会理解我的这种行为。"

看了上面的这个故事，你会受到什么启发呢？对于遗传你能够做些什么呢？

你要相信你可以控制遗传的倾向，借着培养那些良好的倾向而化解不好的。你有选择的力量，不要向错误的方向走出第一步。正如克里蒙特·斯通所说，如果某一种习惯已经证明有碍你前进的脚步，你就不要故意开始这种习惯。像博布一样，不要冒险，学着拒绝劣根性，做一个有上进心的人。

用积极的自我暗示提升自己

你有没有注意过动物园的象和马戏团的象有什么不同的习惯？一般来说，动物园的象要被关在铁栏中或厚的钢筋水泥房中，才能令人放心。它们能在有限的环境中自由活动，却无法走到外面去，而游客可以在外面放心地参观。也就是说，动物园的象是在坚固物体的包围下生活。

然而马戏团的象的情形则大不相同。马戏团的象要在各地巡回演出，在观众面前表演，需要不时和人接触，因此不可能把它们关在巨大的钢筋水泥房内，而人类必须想办法把它们饲养在棚内，并加以管理。由于象的力气非常大，因此驯兽师便要设定某种条件，也就是某种消极的条件进行约束。他们通常在小象刚出生不久之后，便把它用粗绳子拴在一根深埋在地上的巨大水泥柱上。小象在挣扎无数次也无法摆脱绳子的束缚后，便会放弃努力。这样，等到以后驯兽师用一根细的绳子拴住它时，它也会因为以往努力的失败印象而放弃挣脱绳子。即使小象长成力大无比的大象，也不会再去试着挣脱束缚。

你和马戏团里的象是否有相似之处？假如有条绳子把你

往你前进的反方向拉，你能挣脱它吗？你能按自己希望的那样自由行动吗？你总是原地不动只因为你自认不会成功吗？

我们真实的自我都会受暗示的影响。如果有人断定说我们不会成功，我们往往会相信，而且常常是自此以后就不再去为成功而努力了。如果我们曾经有过一两次失败，我们也常会相信自我给予的消极暗示。

有一些方法可以帮助你摆脱绳索的束缚而成为有用之才，即用自我暗示来提升自己。

你应该相信自己能够成为杰出的人，相信自己今天会比昨天做得更好。

今天就是全新的开始，不要让昨天发生的事情或昨天别人对你说的话影响你今天的行动。今天你要养成新的习惯，做出新的决定，建立新的目标；今天你要微笑，你要振作向上；今天你要学习新观念，做新事情。

你怎样才能满怀希望地积极进取呢？你可以对自己说："我就是我，我不是别人说的那个我，我能做好更多的事情。"你可以每天都多次重复这些话。

你应该保持你的思想在你应该想的事情上，如此，你就可以经由自我暗示而影响你的潜意识，从而获得更大的进步。

思想是最有效的暗示方式——通常比视觉、嗅觉、味觉和触觉所感受到的更有力量。你的潜意识具有你所知的和未知的力量，你必须控制这些力量以提升自我。

如果有人对你说："尝试去做对的事情，只因为它是对的。"这就是他给你的暗示。如果你对自己说"努力去做对的事情，只因为它是对的"，这就是自我暗示。

　　关于自我暗示的作用，克里蒙特·斯通强调我们应该注意以下的情形：

　　（1）暗示来自外面；

　　（2）自我暗示不是自动的或发自内心的有目的的控制；

　　（3）自我暗示本身发生作用，像一部机器受到同一刺激以同一方式反映出来一样；

　　（4）从五种感官中所得来的思想和印象都是暗示的形式；

　　（5）只有你能够为你自己思想。

　　我们可以在每天早晨和每天晚上——白天更要经常练习——重复说："努力去做对的事情，只因为它是对的。"这样，当你面临诱惑的时候，这句自求进步的话就会从潜意识中闪进你的意识思想之中，使你去做正确的事情。

　　这样，你就会养成一种良好的习惯，有助于创造你的前途。因为你的前途植根于你的品行——而品行的好坏在于能否克服诱惑，提升自己。而很多人正是由于养成了"努力去做对的事情，只因为它是对的"的习惯，提升了自己，因而获得成功。

因问题而成长

在寻求成功的道路上，在我们渴求提升自我、不断进步的同时，必然会遇到很多问题。正是因为我们经常面对问题，而得到成长，使自己的能力变得更强。有心参加奥运赛跑的选手，如果通过往下坡跑来训练自己，绝对没有机会获得冠军。反之，如果平日训练的时候就往上坡跑，速度及耐力必定会随之增长，取胜的机会也就大得多了。

风靡当今西方世界的"商业圣经"——《世界上最伟大的推销员》的作者奥格·曼狄诺在担任克里蒙特·斯通的《成功无限》杂志总裁一年之后，靠着全国广播的广告宣传，将杂志的发行量创下前所未有的高纪录。然而，由于奥格的一次严重的判断错误，不仅降低了他们进步的速度，还让公司损失了一笔财富。

当奥格发现他的错误后，立刻打电话给斯通。见到斯通后，奥格毫无保留、一五一十地将如何把事情弄砸的实情报告给他。斯通听得非常仔细，中间只是为了弄清一些事实，才开口打断了几次。等奥格报告完后，他心想斯通先生对他肯定彻底失望了，他默默地坐在那里，等着他的出版生涯就此结束。

但是斯通先生抽着他那长长的哈瓦那雪茄，一直抬着头，好像在研究着天花板。最后，他终于转过头来，对着奥格微笑着说："奥格，那真是太好了！"

"太好了？这个人莫非是疯子？我毁了他心爱的杂志，又害他赔了一大笔钱，而他告诉我太好了！"奥格一句话都说不出来，他已经吓呆了。这时斯通向他靠过来，拍拍他的手臂，很温和地说："那的确是太好了，奥格，让我解释给你听。"

接着，这位了不起的人物教给了奥格一个成功的规则，在过去长达 1/4 个世纪里，这个规则带给奥格的影响是无穷的。斯通仔细地说明，虽然他知道杂志的发行会有很大的麻烦，但是，他相信，如果奥格能和他一起努力研究困难所在，那么他们必能在那些麻烦中找到一颗好种子，用那颗好种子来扭转颓势。在接下来的几个小时里，斯通和奥格从各个不同的角度来讨论问题所在。最后，他们终于研究出一个计划，后来这个计划不仅让他们的损失弥补过来，并为以后几年带来不少广告收入。而和斯通谈话的那几个小时对奥格这一生来说，的确是最大的收获。

你也应该像斯通所说的那样，在问题中发掘好的种子，训练你自己，在你遇到任何难题的时候，你的第一反应便是"那太好了"，然后再花时间从你严重的问题中寻求任何对你有利的地方。

人的生命中最大的考验，就像打高尔夫球一样，并不是在于如何避免难打的状况，而是在我们不幸将球打进一片茂草中之后，如何再将球给打出来。所以等到下一次困难、险阻或任何问题到来时，你应该笑着对自己说："我成长的机会来了！"

每天开始新的尝试

人一生会遇到很多问题，但你是否遇到过这样的问题：如果去尝试后失败了，后果将会怎样？这种想法本身就是与成功作对的一个敌人。这个成功的敌人总是让我们去想："如果我失败了，那怎么办？我去试过了，但没能成功会怎样？"这种想法会使你放弃努力。

有一位战胜了对手的人，他的故事一定会对你有所启发。那是 1832 年，当时他失业了，很伤心，但他下决心要当政治家，当州议员，而糟糕的是他竞选失败了。在一年里接连遭受两次打击，这对他来说无疑是痛苦的。

他又开始着手自己开办企业，可不到一年，这家企业又倒闭了，在以后的 17 年间，他不得不为偿还企业倒闭时所欠的债务而到处奔波，历尽磨难。

当他再一次参加竞选州议员时，他成功了。他内心因此而萌发了一丝希望，认为自己的生活有了转机："可能我可以成功了！"1835 年，他订婚了，但离结婚还差几个月的时候，他的未婚妻不幸去世。这对他精神上的打击实在太大了，他心力交瘁，数月卧床不起。在 1838 年他觉得身体状况良好时，决定竞选州议会议长，可他又失败了。1843 年，他又参加了竞选美国国会议员，这次他仍然没有成功。

要是你处在这种情况下会不会放弃努力？他虽然一次次地尝试，但一次次地遭受失败：企业倒闭、情人去世、竞选失败。要是你碰到这一切，你会不会放弃——放弃这些对你来说很重要的事情？

他没有放弃，他也没有想："要是失败会怎样？"1846年，他又一次参加竞选国会议员，终于当选了。

两年任期很快过去了，他决定要争取连任。他认为自己作为国会议员表现是出色的，相信选民会继续拥举他，但遗憾的是他落选了。

因为这次竞选他赔了一笔钱，所以在他申请当本州的土地官员时，州政府把他的申请退回来了，上面指出："做本州的土地官员要求有卓越的才能和超常的智力，你的申请未能满足这些要求。"

接连又是两次失败，然而，他并没有放弃。1854 年，他竞选参议员，失败了；两年后他竞选美国总统提名，结果被对手击败；又过了两年，他再一次竞选参议员，还是失败了。

这个人尝试了 11 次可只成功了两次。要是你处在他这种境地，你会不会早就放弃了呢？

这个在 9 次失败的基础上赢得两次成功的人便是亚伯拉罕·林肯，他一直在寻求不断地自我进步。而就在 1860 年，他当选为美国总统。

亚伯拉罕·林肯遇到过的敌人你我都曾遇到过。林肯面对困难没有退却，没有逃跑，他坚持着、奋斗着。他压根就没有想过要放弃尝试，他不愿放弃努力。就像你我一样，林肯也有自由选择权。他可以畏缩不前，不过他没有退却。

如果你遭受挫折时便放弃，不再努力了，那么你就绝不会胜利。失败者总是说："你要是尝试失败的话，就退却、停止、放弃、逃跑吧！你不过是个无名小辈。"千万不要听信这种话。成功者对此从来都不加理会，他们在失败时总会再去尝试。他们会对自己说："这是一条难以成功的道路，现在让我再从另外一条路上去尝试吧！"

克里蒙特·斯通曾告诉过我们一个成功的诀窍：每当你失败时，再去尝试，原谅自己的过失，用积极的人生观激励自己不断进步！

此外，在谈及不断尝试对成功的重要作用时，克里蒙特·斯通曾对其子女感叹地说："我看到许多在年轻时极有才华的人，一生却一直都是默默无闻，而他们毫无建树的最大的原因是这些人在年轻时，不敢大胆尝试，以至于所有的才华都被埋没了。倘若这些人在年轻时，有人引导他们去尝试一些他们应该做的，却又不敢做的事，那么这些人的才华便能得以发挥，他们的生活将会变得更美好。所以，我希望你们在人生之路上无论遇到什么样的难题，都不要放弃继续尝试的机会！"

要想实现成功的目标，我们必须每天都有一个清晰的开端。每天早晨不要对自己说："我可能会在考验中失败，在工作中受挫。"不要这样想！你应该这样对自己说："今天我可以做好我力所能及的工作，昨天或者前天的失败并没有什么关系。今天是崭新的开端，让我再来尝试！"

让好点子变成现实

虽然我们有勇气在困难面前不断尝试，但是在我们面对自己的灵感时却可能感觉到一种胆怯。新点子找上我们之初，我们难免会有点害怕。也许它们显得太新奇、太不实际，而害怕自己的好点子必然会阻碍我们的进取。当然，抱着一个新念头迈出第一步是需要一点儿胆量的，但是造成光辉灿烂结果的通常也正是这种胆量。

1955年，美国"国际销售执行委员会"派遣7名代表前往亚太地区，克里蒙特·斯通是其中之一。在11月中旬的一个星期二，他在给澳洲墨尔本的一群商人演讲中讲了这样一个故事：麦克·莱特是吉弟卡片公司的老板，也是加拿大最年轻的企业家之一。他 6 岁时，某次参观完博物馆之后，就开始打算盘，看自己能不能画几幅画来卖钱。他母亲建议他把画印在卡片上出售。由于他有一些与众不同的构想，所以很快就走上了成功之路。

莱特在他母亲的陪伴下，挨家挨户去敲门，言简意赅地说出要点："嗨！我是麦克·莱特，我只打扰一下，我画了一些卡片，请买几张好吗？这里有很多张，请挑选你喜欢的，随便给多少钱都可以。"他的卡片是手工绘在粉红色、绿色或白色的纸上，上面有一年四季的风景。莱特每周工作六七个小时，平均每张卖 7 角 5 分，一小时可以卖 25 张。

不久，莱特就发现自己需要帮手，他立刻请了 10 位员工，大都是小画家。他付给他们的费用是每张原作 2 角 5 分。后来由于把业务扩展到邮购，所以莱特越来越忙碌。第一年做生意，莱特已经成了媒体上的名人，他上过许多著名的新闻媒体，他的名字家喻户晓。

莱特有别出心裁的点子，不在乎自己的年龄，再加上母亲的鼓励，小小年纪就有了自己的事业。你是否也有别具创意的好点子？

好点子不介意主人的年龄、性别、种族、宗教或肤色，也不在乎主人怎样运用它。只要你勇于将你的新点子付诸实施，保持积极进取的心态，你就一定会将其变成现实！

心灵上的不满足

前面我们说过自满是无形中的蛀虫，它会使我们停滞不前，更不用说将我们的好点子付诸实施了。而世界上最了不起的人也只有在他感到不满意的时候，才可能会有进步。因为唯有心灵上的不满意，才能够把欲望变成奇迹般的事实。

前文我们曾提到过博布·冠兰是克里蒙特·斯通的好友。一次在和斯通探讨有关心灵不满足的力量以及正确的人生观时，博布说起他的姐夫乔医生的事。乔医生是得克萨斯州人，行医已经有 50 多年了。33 年前由于生病，他的声带必须要割除掉。这项很精细的手术救了他的命，但是他却再没有办法说话了。

后来，不知他在什么地方听说一个叫老凯钟的乡下医生，也同样因癌症割除了声带。老凯钟希望能不戴人造器具而恢复自然说话的能力，最终他成功地掌握了这一惊人的技巧。首先他吸入空气，再把空气提升到喉咙和嘴巴，又用舌头顶着牙齿内侧，就这样利用空气的压力，形成声音。最后他话说得很好。

乔医生听到这个故事后，大受鼓舞，他相信没有声带也可以说话。在他喉咙的伤口好了以后，他就尝试发出各种声音。起初情形当然很令人沮丧，看起来他似乎根本没有办法发出他所要的声音了，但是他继续努力。终于有一天，他能够清楚地发出各种母音。这使他有了新的希望，他就更加努力。一天一天过去，他也一点一点地在进步。首先他学会了精确地发出母音，然后发出 26 个字母，再就是单音字。再经过努力，他又能够发出二音节或三音节的字，最后他获得了完全的成功。不久他就说个不停了。

虽然他说话的声音还是有点不太完美，但别人都能听懂他的话了——甚至在电话中也能够让人听懂。起初，当他很难说出来一个字的时候，他会先停下来想一想，然后说出同义字。现在已经没有这个问题了，他说起话来似乎毫无困难。

乔医生攻克了自身的难关后，经常用极有趣味的技巧以使别人建立起信心来。当其他的医生介绍某个割除声带的人去看乔医生时，这名病人就会发现乔医生的客厅里有很多人。这个病人还可以看到乔医生从办公室中走出来，运用他那不太完美的声音和别人谈话。他微笑着，很快乐。

等到病人跟着乔医生走进办公室，乔医生会告诉他，自己是如何听到老凯钟乡下医生的故事而大受鼓舞，以及他是怎样地教自己说话的。

一般说来，病人听了这段故事，就会想象他将来也能像乔医生一样说话，因此也极为兴奋。乔医生还会告诉他必须努力练习，而且一再地练习。

博布认为乔医生是他所认识的人中最忙碌的一个。他在三家医院里工作，75岁时还每天工作。他曾一度被提名为得州的年度最优秀医生，有一次甚至获得了国家利泰奖章。又由于为贫民义诊，他还获得了罗马教皇保禄十二世授予的爵位。

从乔医生的故事中，我们可以明白这样一个道理：每一个人都会长大成熟、逐渐衰退而死亡，除非他获得新的生命、新的血液、新的行动、新的想法。

全世界各种活动的进步，都是由心灵感到不满足的人采取行动的结果——这绝对不是由已经满足的人所造成的。因为不满足是一种驱策我们不断进步的力量。心灵的不满足是积极人生观所产生的结果。如果具有消极的人生观，不满足所产生的驱策力就会受到影响。所以，为了自己得以不断进步，我们必须为心灵的不满足而努力寻求更好的目标，这样才能找到我们的"新大陆"。

发现属于你的"新大陆"

在《大英百科全书》中记载了克里斯多弗·哥伦布惊险刺激的奇遇。哥伦布曾经在帕维亚大学研读天文学、几何学和宇宙志；此外，《马可·波罗游记》、地理学家的推论、航海家的报道以及被海浪冲上来产自欧洲以外的艺术品和手工艺品等，都激起他无限的憧憬。

经过一年年一步步地归纳推理，哥伦布越来越相信地球是圆的。在定下了这个结论以后，在演绎的推理之下他坚信，从西班牙往西航行应该也可以像马可·波罗由西班牙往东航行一样抵达亚洲。哥伦布的心里燃起了证实自己理论的强烈欲望，便动手寻找必要的经济支援、船只、人员，去探测那未知的地方。

为了证明自己的想法，哥伦布"采取行动"了。他的心思一直放在自己的目标上。在长达 10 年的期间里，为了实现自己的目标，他花费了大量的金钱和精力，经常处在捉襟见肘的边缘。他向葡萄牙国王约翰二世求助，向他提出西行的建议，但国王耍弄了他，让他苦等了 6 年。还有政府官员的讥笑、怀疑和恐惧，以及有些人原本想帮助他，却在最后关头由于身边的那些科学顾问的疑忌而不再相信他……这些给哥伦布带来连续不断的挫折，但是他始终保持一种积极乐观的心态，继续努力寻求援助。

1492 年，哥伦布终于得到长期以来坚定追求的回报。就在这一年的 8 月，哥伦布得到了西班牙王后伊莎贝拉的支持，于是他开始向西航行，目的地是印度、中国和日本。他走的是正确航道，也是正确方向。

这个故事的结局众所周知，哥伦布在加勒比海中的群岛登陆以后，回到西班牙时带着无数的黄金、棉花、鹦鹉、奇特的武器、奇异的植物、不知名的鸟兽以及好多土著。他以为已经到达目的地，到过印度外海的群岛，可是实际上他没有，他根本没有到达亚洲。虽然哥伦布没有马上明白这一点，他却找到了另外的东西。

也许在现实中，你也像哥伦布那样，没有达到自己崇高的目标或辉煌灿烂的理想；你也可能像他一样，虽然经过许多努力，依然不能到达那未知领域里的一个遥远目的地。但你却可能像哥伦布一样发现一个新的大陆——一些足以与美洲财富匹敌的东西；你也可以像他一样，引导后来的人，使他们走上正确的方向与正确的航道，并继续深入那未知的领域，完成你所构想的伟大目标。如果你想做一个自求进步的人，那么你就应该像哥伦布一样，用时间和能力去思考，并以积极的人生观、坚毅的努力去追寻自己的目标，以期找到属于你的"新大陆"。

日益更新，与时俱进

水不流动，必至污浊。同理，一切事业，假如当事人不常留意对之进行改进、改良，努力使之日益更新，最后准会落伍，以致失败。努力上进并有所成就的人有一个显著的特征，那就是他无论在哪里，在什么场合都在追求进步。他唯恐自己的事业不进则退，唯恐自己落后。

克里蒙特·斯通曾告诉他的朋友，用一星期的时间去拜访国内同行业者，可以完全更新他关于经营上的看法。他每年总要外出旅行一次，去考察一些著名企业公司的管理方法与经营技巧。斯通觉得，要使自己能够站在广阔的、不偏不倚的角度来观察自己的经营，使自己的事业不会衰败，这种旅行是绝对必要的。

斯通还说，除了获得种种经营上的新方法、新观念、新暗示以外，他每次旅行回来，总觉得自己的公司与旅行以前大不一样了。自己在处事、经营上的小缺点，员工的小疏忽，以前不曾注意到，或者虽然注意到，但总以为是无关紧要的细微弱点，现在都被他所察觉，并引起了他足够的注意。由于有了新的想法，视野也扩大了，以前的一些"细微"的事现在成为重要的了。于是他就会进行革新，改进管理经营的方法，辞退无能的员工，而以一种崭新的气象来重新开始他的事业。

一个不出自己家门一步，不同别人接触的人，他的观点一定是盲目的，不容易察觉缺陷的。而扩大自己眼界的唯一办法，就是要容纳新的光明，常常以别人为榜样。

自满是无形中的蛀虫。的确，任何人都不可以在自身的发展达到某一点时，就表示满足。应该经常要求自己超越已经达到的那一点，力求精益求精。假使一个人自满自足，以为无可再进，无可再前，那么他事业的衰落从此就开始了。

所以，每天早晨起来时，你就应当下定决心，力求较昨日有所进步。你应当力争把事情办得比昨天更好。这样，在傍晚时，你才会心里踏实。你每天都应当谋求若干进步，每天向前迈几步，甚至几级。这样，在坚持了一年之后，你会发现，你的业绩有了惊人的进步。

人体中的血液，必须不断新陈代谢，才能维持身体的健康强壮。同样，要保持你自身的前进，也必须日益更新自己的观念，与时俱进。不断摄取新观念，这样才能使你在时代的潮头立于不败之地。

时间一天一天过去，其中有好的运气或坏的运气；时间一年一年过去，其中有成功或失败。你拥有的是好运还是坏运，是成功还是失败，选择在于你。你掌握着自己命运之舟的舵柄。无论是今天、明天或遥远的未来，你都可以按照你的选择决定你前进的方向，而为了使你的前途充满阳光，你必须为明天的到来做好充分的准备。

为明天做好准备

在每个人的生命中，总会有重大的机会降临。你能否将机会抓住，全看你有无相当的能力作为储备力量。

多数人的生命之所以卑微渺小，就在于他们对自己的生命所注入的资本太少，在教育、训练与思想上所下的功夫太浅。

要想得到丰盛的收获，就必须要先耕耘泥土，在播种时节，则应播撒良好的种子下土。

一个立志成功的人，一定会时刻自策自励，准备在人生的竞技场上崭露头角。他无时不在训练自己，正像那些运动员一样，从不荒废自己强健的身体和竞技状态，并刻苦奋斗，争取比赛的胜利。他们相信只有为明天做好充足的准备，才能获得成功！

抓住机会

成功的道路，固然需要付出汗水和艰辛的努力，但少不了机会的作用。机会有如棒球赛中的幸运球，当球飞来时，你恰好站在合适的位置，挥棒接住幸运球，就会赢得观众的齐声喝彩。机会的来临往往是突然的，然而大部分还是要靠自己去创造。我们要想获得成功，必须学会善于创造条件，把握机会。

许多成功者，就是因为能抓住机会来临的那一刻，所以才能有所作为。克里蒙特·斯通在谈及机会与成功者之间的关系时，曾举了这样一个例子：有一个撰写广告语的人，在一家广告代理公司工作。他在工作上表现得很出色，受同事敬重。然而有一天，他有个机会跟另一个从事文字广告的人，合伙开设一间属于他们自己的广告代理公司。这时，你认为他该不该冒这个风险？他应该下海，还是继续做原来的工作？这个人决定冒险一试。刚开始的时候，事情并不顺利，两个人有好一阵子一直在逆境中挣扎，但这名年轻人从不后悔他的举动。如今，这家广告代理公司已是生意兴隆了。

当机会来到时，它出现的方式与方向让人难以预料，所以许多人在他们攀登成功顶峰的路途上往往会错过很重要的一步，因为他们没有把握住难得的机会，虽然机会就在他们眼前。而除了要善于把握机会之外，我们还应该努力为自己创造机会，以下几点是克里蒙特·斯通提醒我们需要注意的地方：

1. 想方设法表现自己的才华

要设法跻身到能够借以充分表现自己才华的行列，应选择充满希望和发展前景的工作环境。你的才华得到公众的赏识，一定能给你带来诸多的发展机会。

2. 善于让自己处在有利的位置

掌握战斗中的有利地形、制高点，进可以攻，退可以守；让自己处在观察和被观察的地位，既可以让你有所回顾，又成为众人瞩目的对象。这样周围的人就会为你创造出各种机会，机会就会接踵而至。

3. 学会推销自己

极力使自己引人注意，不断地进行自我宣传。突出自己的优势，努力以工作表现自己。

4. 要把事情办得尽善尽美

要想使你周围的人认识到你是一个积极、主动、有进取心和有耐性的人，你应尽力将事情办得完美。在工作上肯加油干的人，比起那种等着下班的人，机会要大得多。

"没有机会"永远是那些失败者的托词。当我们尝试着步入失败者的群体中对他们加以访问时，他们大多数人会告诉你：他们之所以失败，是因为不能得到像别人一样的机会；因为没有人帮助他们，没有人提拔他们。他们还会叹息：一切好机会都已被他人捷足先登，而他们是毫无机会了。而成功者却从不怨天尤人。他们只知道尽自己所能迈步向前，他们不会等待别人的援助，他们自助；他们不等待机会，而是自己制造机会。

我们每个人，只要善于抓住当前机会，并具有为目标而奋斗的精神，都有获得巨大成功的可能。但我们必须牢记，我们的出路在自己身上。如果总是以为出路是在别处或别人身上，那么注定是要失败的。正如克里蒙特·斯通所说，你成功的可能性就孕育在你自己的生命中，机会不会不期而至，全靠自己掌握和创造，而抓住人生旅程中的任何机会，幸运的大门也就离你不远了。

拖延症是病，得治

在我们的一生中，有很多时候良好的机会总是一瞬即逝。如果我们当时不把它抓住，以后就永远失去了。所以，我们在把握好机会的同时，还要及时将机会变成现实，千万不能拖延。

习惯中最为有害的，莫过于拖延的习惯，世间有许多人都是为这种习惯所累，以致造成悲剧。

在美国争取独立的一次战争中，一天，英军统帅拉尔上校正在玩纸牌，这时忽然有人递来一个报告说，华盛顿的军队已经到达德拉瓦尔了。拉尔上校充耳不闻，将报告塞入衣袋中，等到牌局完毕，他才展开那份报告。而待到他立刻调集部下，出发应战时，已经太迟了，结果是全军被俘，而拉尔上校也因此战死。仅仅几分钟的延迟，却使拉尔上校丧失了尊荣、自由与生命！

克里蒙特·斯通在主编《成功无限》杂志时，曾一再提醒他手下的编辑不要拖延手头的工作。因为拖延的恶习不仅会造成一些悲剧，还会使我们每个人的一生中许多美好的憧憬、远大的理想不能实现。假使我们能够抓住一切机会，实现一切理想和每一项计划，那么我们的生命真不知要有多么伟大！然而我们总是有机会却不能抓住，有理想却不能实现，有计划却不去执行，终至坐视这些机会、理想、计划一一幻灭和消逝！

譬如，一个生动而强烈的意象、观念突然闪入一位作家的脑海，使他生出一种不可阻遏的冲动，想要提起笔来，将那美丽生动的意象、境界书写出来，但那时他或许有些不方便，所以不能立刻就写。虽然那个意象不断地在他脑海中闪烁、催促，然而他一再地拖延，到后来那意象就会逐渐地模糊、褪色，终至整个消失！

正如西班牙文学家塞万提斯所说："取道于'等一会儿'之街，人将走入至'永不'之室！"这真是一句至理名言。所以你应该竭力避免拖延的习惯，就像避免一种罪恶的引诱一样。假使对于某一件事，你发觉自己有了拖延的倾向，就应该赶快行动起来，不管那事怎样困难，都要立刻动手去做。不要畏难，不要偷安。这样久而久之，自能改变拖延的倾向。你应该将"拖延"当作自己最可怕的敌人，因为它会盗去你的时间、品格、能力、机会与自由，而使你成为它的奴隶。

无论什么时候，在你对一件事情充满兴趣、热情浓厚的时候去做，与你在兴趣、热情消失之后去做，其难易、苦乐真不知相差多少倍！当你兴趣、热情浓厚时，做事是一种喜悦；而当初一下子就可以很容易做好的事，拖延了几天、几星期之后，就显得讨厌与困难了。我们每天都有每天的事。今天的事是今天的，与昨天的事不同，而明天也自有明天的事。所以今天之事就应该在今天做完，千万不要拖延到明天！

健康是你最大的资本

假使你想成功立业，那你就必须将每一丝的精力与体力，视为最宝贵的生命资本。为使你的明天获得更大的成功，你必须拥有一个健康的体魄！

你成功的大小，在于你生命中所蕴藏的资本有多少，你是怎样使用那种资本的，以及在你事业上所能释放出的能量有多少。如果你体内蕴藏着大量的生命资本——充沛的体力与精力，却不知道善加利用，以促使你获得成功，那么它们又有什么用处呢？一个因营养不良而身体衰弱，或因生活习惯不健康而精力受损的人，与一个各个器官、各种机能都健全强壮的人相比，其成功的机会实在是相差太大了。

构筑你成功的材料，就藏在你的生命中。你的健康就是你的最大资本。你未来取得成功的秘诀，就蕴藏在你的脑海、你的神经、你的筋骨、你的志愿、你的决心以及你的理想之中。一切的一切全靠你的生理与精神状态。你在事业上所付出的体力与精力之大小，可以测量出你最终成功的大小。所以，减少你自己的体力与精力，减少你的生命资本，就是减少你自己的成功机会与生命价值。

你应该认识到任何方式的精力耗损，每一丝的体力损失，都是一种不可宽恕的浪费，甚至是一种不可宽恕的罪恶，因此你必须杜绝每一丝的精力漏失。阻止生命资本的不必要的损失，这样就能将你的全部精力——全部的生命资本最有效地充分利用。

一架机器不管再怎样精良，若不按时加上适当的油，必将迅速毁坏。人也是一样，在身体机器里加油最好的方法，就是适度的睡眠、规律的饮食、充分的运动，这样能使你所耗去的精力迅速恢复过来。

将你自己的身心保持在健壮旺盛的状态，你就能够感到十分愉快，而不至于感到疲惫或痛苦。假使你处于精力健旺的状态，就仿佛在你的容貌上，从你的毛孔中，都能射出无穷的力量。

健康是生命之源泉。失去了健康，会兴趣索然，效率锐减，生命也变得黑暗与悲惨，你会对一切都失去兴趣与热诚。有许多人之所以饱尝着"壮志未酬"的痛苦，就是因为他们不懂得常常去保持身心的健康，不懂得健康对于自己事业上的成功的必要性与重要性。

一个生活谨慎的人，有充沛的生命力抵抗各种疾病，应对各种难关；相反，一个在平日把精力耗尽的人，却经不起任何事故的打击。所以，要想在人生的战斗中取得胜利，你首先要每天都能以强健的体力和充沛的精力及饱满的状态去应对一切。

你必须善于利用自己体内蕴藏着的大量生命资本、充沛的体力与精力，以帮助你获得成功。在任何情形下，你都应当节省自己的精力，储蓄自己的生命力。你应当珍惜你每一丝的体力和精力，因为那是使你得到幸福、取得成功的素材，是使你明天更加灿烂的保障！

缺陷不足以成为放弃的理由

前面我们说过健康是成功最原始的资本，但由于某些原因，一些人生来就没有一个健康的体魄。然而，任何身有缺陷却仍渴望成功的人，都不应该丧失斗志。因为生命本身是一种挑战，即使自己有缺陷，但是只要不认输，肯努力去证明自己某方面的本领，一定能获得成功。

总是以自己本身某部分有缺陷而限定自己的能力的人，是不聪明的。那只是找借口来掩饰自己害怕失败的心理。

下面的这个故事是克里蒙特·斯通为鼓励他的一些残疾朋友而讲述的。

雷蒙·贝瑞因在幼年生病而身体残疾。长大成人之后他的背部仍然无力，一条腿比另一条腿短，而且视力很差，他必须戴度数很高的眼镜。但是尽管他身体残疾，他还是决心要参加美国大学的橄榄球队。经过不断的努力、辛苦的训练，雷蒙·贝瑞终于达成了目的。后来他又决定参加职业橄榄球队。但是在他大学毕业以后，经过了19次的甄选，美国全国橄榄球联盟任何一个队他都没有入选。最后在第20次甄选中，巴第摩尔队选上了他。

很少人认为雷蒙·贝瑞会参加职业橄榄球队，更不能相信他会成为一个主要队员。但是雷蒙·贝瑞对自己有信心。他穿着背心，在一只鞋子里垫了垫子使步伐平稳，并戴上隐形眼镜使视野清晰。他经常练习攻击前锋跑步接球的动作。刻苦的训练使他精于阻截、做出假动手闪躲以及捕接各种角度的传球。

在巴第摩尔队休息的日子里，雷蒙·贝瑞就跑到附近的球场去，说动一些学生传球给他接。即使在旅馆休息的大厅里，他也常常带着一个橄榄球，说是要保持他的手"对球的感觉"。

最后，雷蒙·贝瑞成为美国国家橄榄球联盟的接球冠军。巴第摩尔队在 1958 年和 1959 年两次获得联盟冠军，贝瑞也成为明星球员。

我们很容易看出雷蒙·贝瑞为什么会成为一个杰出的球员，原因就在于他能克服自身的缺陷，坚持不懈，永保斗志。

众所周知，举世闻名的大音乐家贝多芬是个聋人；残疾者的导师海伦·凯勒是个又聋又哑又瞎的不幸姑娘；弥尔顿虽然瞎了眼睛，仍继续著书；美国发明家荷威小时候又病又穷，后来他成功制成缝衣机，广受欢迎……从这些成功者的足迹，我们可以看出，缺陷并没有妨碍他们的前途。

环顾四周，我们会发现社会上有许多天生残缺或后天残缺的人，他们对生活充满信心，从不埋怨上天对他们的不公平或乞求他人救济，反而自立自强，脱颖而出，成为成功人士。

某个你自以为不如别人的地方，或许正是一种最好的特点，假使你能正当利用的话。

要知道一个缺憾可以作为宽恕懒惰和胆怯的借口，也可以被用来使你克服困难，并获得成功。

怀揣自信，勇往直前

据说，只要拿破仑一亲临战场，士兵的战斗力量就会增加一倍。因为军队的战斗力，大半要依赖于士兵对于其将帅的信任。如果统领军队的将帅显露出疑惧慌张，则全军必陷于混乱与军心动摇之中；如果将帅充满自信，则可增强部下英勇杀敌的勇气。同样，人的各部分的精神能力，也应像军队一样，要对"主帅"充满依赖——它是一种不可阻遏的"意志"。

前面我们已经说过，一个人如果足够自信，往往能够成就神奇的事业。

在第一章的《成功要素的运用》一节中，我们已经知道自信心是比金钱、势力、家世、亲友更有用的成功要素，它是人生最可靠的保障，它能使人克服困难，排除障碍，不怕冒险。对于事业的成功，它比其他的东西更有效。

积极思想之父诺曼·文森特·皮尔在《创造人生奇迹》一书中，在提及自信的重要作用时，曾提到过这样一个故事：

有一次，一个士兵从前线驰归，将战报呈递给拿破仑。因为路程赶得太急促，他的坐骑在还没有到达拿破仑的总部时就倒地累死了。拿破仑收到战报后，立刻下了一道手谕，交给这位士兵，并叫他骑上他自己的坐骑火速驰回前线。

这位士兵看着拿破仑的那匹魁伟的坐骑，还有上面所配的华贵的马鞍，不觉战战兢兢地脱口而出："不，将军，我只是一个普通的士兵，这坐骑太好了，我受用不起！"

拿破仑回答他："对于一个法国的士兵，没有一件东西可以称为太好而不能受用的！"这个士兵听了拿破仑的话后，深受鼓舞，他翻身上马，将拿破仑的手谕及时送回前线，后来这个士兵成为拿破仑手下一个出色的将领。

有许多人往往认为世界上许多被称为最好的东西，是与自己沾不上边的，人世间种种善、美的东西，只配给那些幸运的宠儿们所独享，对他们来讲那是一种奢望。克里蒙特·斯通说过，一个人如果将自己沉迷于卑微的信念之中，那他的一生自然也只会卑微到底，除非有朝一日他自己醒悟过来，敢于抬起头来要求"卓越"。世间有不少原本可以成就大业的人，他们最终却是平平淡淡地度过自己平庸的一生，他们之所以落得如此命运，就是因为他们对于自己期望太小、要求太低的缘故。

一个成功者，他走路的姿势、他的举止，无不显出充分自信的样子，从他的气势上，可以看出他是能够自己做主，有自信和决心完成任何事的人。而一个有自信和决心的人，绝对拥有成功的保障。相反，一个失败者走路的姿势和态度，可以证明他没有自信力和决断力，从他的衣饰、气势上也可以看出他一无所长，而且他那怯懦自卑的性格也通过他的举动充分地显示出来。

假使你在容貌举止之间都表现出你自认为自己卑微渺小，而处处显得你不信任自己、不尊重自己，那么，别人也自然不会信任你、尊重你，而你要想获得成功，就必须使自己变得不再依靠他人，而能独立自主。

我们应觉悟到"天生我材必有用"；觉悟到造物育我，必有伟大的目的或意志寄予我们的生命中，而如果我们不能将自己的生命充分表现于至善的境地、至高的程度，这对于世界将会是一大损失。怀揣这种自信，就一定可以使我们产生出一种冲破自我封闭的伟大力量和勇气！

切勿自我封闭

有不少人很偏爱自己的小世界，甚至可以说是把自己关在与外部世界完全隔绝的独立的象牙塔中自我欣赏，这种人通常不仅对自己没有信心，容易自卑，还会产生自我封闭的思想，用消极的态度去应付外部世界。他们把自己封闭在象牙塔中，觉得自己想做什么就可以做什么，完全可以不动脑筋就能维持目前的安乐。

但如果他们走出自己的象牙塔，加强和外部世界的联系，自然就可以发现原来这世界是如此多彩多姿、趣味无穷。

在一个钓鱼池旁边，有一群喜欢钓鱼的人正在垂钓。但似乎每个人的运气都很不好，没有一条鱼上钩，因此当其中一位 M 先生钓到一条破纪录的大鱼时，大家都为他喝彩。而这位 M 先生表情却非常奇怪，他两手捧着鱼目测鱼的大小后，竟摇着头将鱼放回鱼池里。虽然周围的人都很惊讶，但毕竟这是人家的自由，大家也只好若无其事地继续垂钓。接着，M 先生又钓上一条大鱼，他看了一下又把它放回鱼池里，大家都觉得奇怪。等到第三次 M 先生钓到一条小鱼时，他才露出笑脸并将鱼放进自己的鱼篓里，准备回家。这时有一位老人问他："虽然来这钓鱼的人只是为了兴趣，但你的行为却令人不可思议。头两次钓上来的鱼你总是放回水里，而第三次你钓上来的鱼非常普通，在任何一个鱼池里都可以钓到，你却如获至宝般地将它放回鱼篓里，这是为什么呢？"

M 先生回答说："因为我家所有的盘子中，最大的盘子只能放这么大的鱼。"

看了上面的这个故事，不知道你会不会意识到：人常常在不知不觉中，以自己目前仅有的见识，来企求自己所希望得到的东西。

就像那位 M 先生，若是家里没有大盘子，他完全可以将这条鱼切段，或是购买更大的盘子。这些都是解决的办法，但是 M 先生的"潜意识"却只限定在某一个定点上，没有考虑到其他的办法。

所以说一个人如果存有自我封闭的心理，目光短浅，毫无努力进取的精神，恐怕很难取得成就。

要知道人生仅有一次，若只停留在"小盘子"，将会变成一个狭窄的人生，而人生所谓的"盘子"，应该立足既有的信念，并慢慢将它扩大为大盘子，才能得到更宽广的人生。

不断反省，不断进步

经常插花的人都知道，插花时若有一些不协调的多余枝叶，就要干脆利落地剪掉，这样才能保证整瓶花变得活泼动人。同样，要想成功，你必须时刻反观自身的不足，以使自己有所作为！

你有反省的习惯吗？如果没有，趁早培养吧，它能修正你为人处世的方法，给你指引明确的方向。

近代日本有两位一流的剑客，一位是宫本武藏，另一位是柳生又寿郎。宫本是柳生的师父。

当年，柳生拜师学艺时，问宫本说："师父，根据我的资质，要练多久才能成为一流的剑客呢？"

宫本答道："最少也要10年！"

柳生说："哇！10年太久了，假如我加倍苦练，多久可以成为一流的剑客呢？"

宫本答道："那就要20年了。"

柳生一脸狐疑，又问："假如我晚上不睡觉，夜以继日地苦练，多久可以成为一流的剑客呢？"

宫本答道："你晚上不睡觉练剑，必死无疑，不可能成为一流的剑客。"

柳生颇不以为然地说："师父，这太矛盾了，为什么我越努力练剑，成为一流剑客的时间反而越长呢?"

宫本答道："要当一流剑客的先决条件，就是必须永远保留一只眼睛注视自己，不断地反省。现在你两只眼睛都看着剑客的招牌，哪里还有眼睛注视自己呢?"

柳生听了，满头大汗，当场开悟，后来终成一代名剑客。

要当一流的剑客，不能光是苦练剑术，还必须永远保留一只眼睛注视自己，不断地反省;同样，想成功的人也必须永远保留一只眼睛注视自己，不断地反省。

以下几个方面值得你去自省:

⊙做事的方法:反省今天所做的事情，处理得是否得当，怎样做才会更好。

⊙生命的进程:自己至今做了些什么事，有无进步?是否在浪费时间?目标完成了多少?

⊙人际关系:你今天有没有做过什么对自己人际关系不利的事?你今天与人争论，是否也有自己不对的地方?你是否说过不得体的话?某人对你不友善是否还有别的原因?

如果你坚持从这3个方面反省自己，就一定可以纠正自己的行为，把握行动的方向，并保证自己不断进步。

至于反省的方法，则因人而异。有人写日记，有人则静坐冥想，只在脑海里把过去的事放映出来检视一遍。不管你采用什么样的方式，只要真正有效就行，自省也不能流于一种形式，每日看似反省，但找不出自己的问题，甚至对错不分，那就很值得注意了。通过反省，知道自己的状况，然后计划从什么地方着手去做，这样所看到的、听到的才会对自己有意义，不至于漫无目的。换句话说，对自己的状况有了充分了解之后，找出出发点，就可产生勇往直前的胆量。

你知道现在在什么地方吗？现在该是你找出在什么地方的时候了，现在也是你该自我省察自己的思想和习惯的时候了，因为正是这些思想和习惯把你带到你现在所在的地方。你现在所想的和所做的，将会决定你未来的命运。你要弄清你现在所行驶的航道，会不会把你带到你真正想要去的地方。

不论你现在怎么样或曾经怎么样，你仍然可以变成你想要的样子。因为当你继续生命的航程时，你就像船长一样，你可以选择你前往的第一个港口，然后再继续前往下一个目的地。你从一个港口到另一个港口，必须自己操纵这条航线。

没有假如，只有不断努力

成功者是特殊人吗？当然！不过，他们之所以特殊是由于他们的努力，而不是生来就特殊。他们是创造者，是推动社会前进的人。他们了解，只有通过今天的不断努力才能打开通向明天成功的大门。

成功者可能并不是他周围一群人当中最聪明的，但他们都是热忱而执着的人。要获得成功，并非必须具备很高的智商，天分不是关键，因为天生的才能并不是成功的唯一保障。

要当一个成功者，必须积极地努力、积极地奋斗。成功者从来不拖延，也不会等到"有朝一日"再去行动，而是今天就动手去干。他们忙忙碌碌尽自己所能干了一天之后，第二天又接着去干，不断地努力，直至成功。

要记住这句老话："今天能做的事情，不要拖到明天。"成功者一遇到问题就马上动手去解决。他们不花费时间去发愁，因为发愁不能解决问题，只会不断地增加忧虑，他们总是集中力量，干劲十足地去寻找解决问题的办法。

一个好的篮球运动员需要精通很多技巧，具备很多条件。假如一个球员只会运球而其余都不会，那么他永远也无法到球场上一显身手。同样，一个成功者也需要具备很多条件，否则，其成功的机会必将减少。所以，若想成功，你就应该像一名渴望夺冠的球员那样不断地努力，不断地完善自己，以使自己具备一个成功者所必需的充足条件。

失败者总是考虑他的那些"假若如何如何"，并总是因故拖延；真正的实干家是这样认为的：如果说我的成功是在一夜之间得来的，那么，这一夜是无比漫长的历程。

你是否看过石缝中长出一棵小小的树苗？你是否想过：这样一个小东西怎么会穿破坚硬的石头长出来，而且还在这么恶劣的条件下活着？很多时候，成功者就像石缝中长出来的小树，在艰难困苦的奋斗过程中，他们学会了培养"冲破阻碍"的能力。他们是靠勤奋工作和不断努力，最终取得成功。

培养、维系良好的人际关系

人际关系的好坏对一个人的事业成就影响很大，我们每个人都希望能拥有一种良好、广阔的人际关系。可是人际关系并不是一日之间就可以建立起来的，而需要你去长期经营。那种三两天就"一拍即合"的人际关系往往是利益上的关系，基础很脆弱，这种人际关系不仅不会给你带来帮助，有时甚至会带给你毁灭性的打击！

我们需要培养的应该是一种经得起考验的人际关系，而不是速成的人际关系。要有一种好的、经得起考验的人际关系，就要像播种一样，播种越早，收获越早，撒下的种子越多，你收获得也越多。

要长成一棵果树，必须先有种子，"播种"是"长出一棵果树"的前提条件。种子发芽后，你得小心勤快地灌溉、除草、施肥，它才会长成大树，开花结果。人际关系也需要你用热心、善心来经营，尤其不可"揠苗助长"，急于收获果实，这样只会破坏你的人际关系！

克里蒙特·斯通在提醒自己的朋友积极培养良好的人际关系时，曾指出要建立一个良好、广阔的人际关系，必须运用"舍得"的观念，有"舍"才有"得"！不"舍"就想"得"，这种人际关系是很难长久维持的。

为什么要先"舍"呢？

人基本上都是以"自我"为中心，任何事都想到"我"，因此有时便会想：某人为什么不先和"我"打招呼？某人为什么请别人吃饭而不请"我"？某人为什么不寄生日卡给"我"？某人为什么和"我"有距离……

你这样想，别人也会这样想，也就是说，每个人都把"得"放在心上，摆在眼前，如果双方都不愿意先"舍"，那么人际关系便不可能展开！

既然如此，你为何不主动出击，先去满足对方的要求，为双方关系的建立踏出第一步？

"主动出击"就是"舍"的第一步，也就是先"舍"掉你的武装，向对方展露出一种和平的姿态。

接下来你就要付出实际行动了。普通的日常寒暄和打招呼看来没什么，但如果能在普通谈话中加入对他人的一种关心，那么人际关系便会慢慢展开。

人际关系决定着你的际遇和成败。机会来自人际关系，喜乐和温馨来自人际关系，心智成长也需要人际关系的激励和互动。你生活在这个世界中，注定要跟性格不同、角色互异的人相处，所以，除非你自断生机，否则你必须重视这项能力的培养。

前进的动力

每个人体内都有一种伟大的自我激励力量，它会使我们的人生得到升华。当我们养成一种不断自我激励、始终向着更高目标前进的习惯时，我们身上所有的不良品质就都会逐渐消失，因为自此以后，它们就再也没有滋生的环境和土壤了。在一个人的个性品质中，只有那些经常受到鼓励和培育的品质才会不断发展。

只要我们心中具备哪怕只是一种最微弱的激励的种子，经过我们的耐心培育和扶植，它也会茁壮成长，直至开花结果。

所以，当这个来自内心、促你前进的声音在你耳边回响时你一定要注意聆听。它是你最好的朋友，是你前进的动力，将指引你走向光明和快乐，指引你走向成功。

内心的驱策力

在任何人类行为之中，行动激励是获得成功最重要的因素。因为具有行动激励的人可以克服一切困难，推动自己向前。

激励使人采取行动或决定。激励为人的行动提供动机，而动机是存在于内心的"驱策力"，激发我们采取行动。当强烈的情感如爱、信仰、愤怒以及憎恨混合起来的时候，它们产生的冲力，就是一种强烈的驱策力，可以维持一生而不变。

下面就是一个有关激励的力量的故事。

在波兰被俄国奴役的时代里，一个孩子看到他父母被凶恶的哥萨克人残酷地活活打死。当时他从屋子里逃出去，但是一名骑兵追了上来，他背上挨了一鞭子，流着血晕倒在地。等他恢复知觉后，看到他家的屋子被烧毁了。就在那时，他立下一个誓言——要在俄国人的压迫下求得波兰的自由。

他一生梦魂所系的就是求得波兰的自由。他童年所看到景象以及其中的恐怖和悲哀已经烙进他的内心而永远难忘。这一切激励他采取行动。

这个人——帕德列夫斯基，伟大的钢琴家——在 1919

年，波兰新共和国成立时被提名为总理和外交部部长，后来成为波兰国会主席。

帕德列夫斯基为波兰人的自由而付出努力。他的强烈的爱国心，使他具有了一种向前冲的力量，为自己祖国获得完全自由而努力。帕德列夫斯基具有的这种向前冲的力量，刺激他采取行动。

你也具有这种力量。你内心的驱策力量是可以掌握而加以利用的。它就像火箭一样，能把你发射到目的地。它是激励你的动力，别轻易错过它。

向前的动力是一种"内心的驱策"，驱策你去达成有价值的成就。如果你能善于运用这种动力，你就能获得财富、健康和幸福。

这种强大的推动力量会产生内心的驱策，驱使我们采取行动——去做我们应该做的事情，但是也常常驱使我们去做我们不应该做的事情。

有时候，你有意培养出来的内心驱策和传统的内心驱策是相冲突的，但是你可以选择正当的思想、采取适当的行动以及选择适当的环境来化解这些冲突。如此一方面我们可以达成传统的强烈内心驱策的目的，同时也可以在不违反最高的道德标准之下，运用这些驱策以追求完整的、快乐的生活。

"向前进的力量"是内心的驱策，可以发挥出一个人潜意识无限的力量，激励其自身不断进取，获得最后的成功。

寻找激励你前进的动力因素

当克里蒙特·斯通 20 岁的时候，他决定在芝加哥设立自己的保险代理公司。斯通的母亲写信给哈瑞·吉博特，当时她所代理的美国意外保险公司和新阿姆斯特丹意外保险公司的业务就是和吉博特打交道。吉博特是在美国推销特别意外保险的先驱。

很快吉博特先生回信，说他非常欢迎斯通在伊利诺伊州代理这两家公司，但他必须先得到芝加哥总公司的允许，因为这家总公司在伊利诺伊州已经建立了一个独家代理公司网。

于是，斯通和总代理公司负责人约了见面时间。斯通知道如果自己想要其样东西，就要去追寻。他激励自己一定要成功，因为他的整个计划都有赖于这个负责人的准许。总代理公司的负责人很客气，他告诉斯通："我会给你同意书，但是 6 个月以后你就会关门大吉。在芝加哥推销保险很困难。如果你在整个伊利诺伊州委派代理公司，你所得到的只有麻烦，你将会以赔钱了事。"不过，这个负责人并没有阻挠斯通的计划。

因此，在 1922 年 11 月，斯通成立了他的"联合注册保险公司"。当时斯通的资金只有 100 美元，但是他没有债务，一般支出也很少，只要每个月花 25 美元向一个商业大厦租一个办公桌。而正是这个大厦的负责人查理给了斯通真正的激励，他的建议对斯通大有帮助。在斯通准备把自己的名字写在大厅的公司记录本上的时候，查理问他："你的名字要怎么写？"

"斯通！"斯通回答说。在过去到那个时候为止，他一直是这样签名的。

"你有什么引以为耻的事情吗？"查理又问。

"什么意思？"

"你没有第一个名字和第二个名字吗？"

"当然有……克里蒙特·斯通。"

"你有没有想过全美国可能会有成千上万个斯通吗？但是可能就只有一个克里蒙特·斯通。"

查理的话激发了斯通的自负："全美国只有一个克里蒙特·斯通。"从那以后，斯通时刻以自己是独一无二的来激励自己。

1923 年初，克里蒙特·斯通准备和相恋的女友在 6 月里结婚，因此他要在 6 月前赚得更多的钱，他不能浪费一点儿时间。一天，他在罗吉士公园区北克拉克街推销。那里离他住的地方只有几条街。一天当中他就推销了 54 个保险。因此斯通发觉在芝加哥推销保险并不是很难，而他的公司在 6 个月以内绝对不会关门。

斯通受到激励，因此努力去开拓公司的业务，他要赚足够的钱和他爱的女孩结婚。多年以后，斯通回忆此事时曾感叹地说：“你可以用任何理由来激励自己，也可以诉之于道理以激励别人，而你的情感、情绪、直觉以及根深蒂固的习惯所形成的'内心的驱策'，会赋予你'前进的力量'，使得你采取行动，去满足你的需要。”赶快行动起来，寻找可以激励你前进的动力因素吧！

激励自我的潜意识

在找到激励你行动的因素之后，你就可以用这些因素去激励自我的潜意识，从而获得成功。

克里蒙特·斯通和拿破仑·希尔曾在波多黎各圣璜市举办了一个历时三晚的“成功的科学”讲习班。在第二天晚上，这两位成功学大师请每一位听众在翌日运用所讲的原理原则，并且要报告所获得的结果。

到了第三天晚上，提出报告的人之中有一名会计。下面就是他的故事：

在听完《成功的科学》讲座的第二天早上，这个会计刚到达公司，同时参加讲习班的总经理把他叫进他的办公室。“我们来看看积极的人生观是不是有效。”总经理对这个会计说，“你知道，一家公司该付给我们的 3000 美元已拖欠好几个月了。你去找这家公司的经理，把钱收回来好吗？你发挥自己的积极人生观去找他，让我们来试试斯通先生所说的自我激励的方式是否管用。"

这个会计听完总经理安排给他的工作任务后,他想到昨天晚上克理蒙特·斯通所提到的"一个人如何能使他的潜意识激励自己"的那番话,他记忆犹新。因此,在他的经理派他去收那笔钱的时候,他决定也去推销一番。

这个会计离开办公室后先回到家里。在家里安静的环境中,他决定了该怎么做。他希望自己不但要收回这笔钱,还要完成一笔交易。

在前往收回欠款的路上,他告诉自己一定会成功的,后来他果然成功了。他不但收到 3 000 美元,另外又推销了 4 000 美元的东西。在他离开的时候,那家公司的经理说:"你真是让我想象不到。在你到我这里来的时候,我根本没有想到要再买你们的东西。我根本不知道你是一位推销员,我还以为你是会计主任呢!"而这是这个会计一生之中第一次推销东西。

这位会计在前一天晚上曾经问过克里蒙特·斯通:"我如何能使我的潜意识激励我自己?"斯通告诉他,要定出目标、让心灵不满足、自我激励。听了斯通的话后,这个会计认识到他必须选定一个近期目标,并且开始去追求。他听从了斯通的劝告,激励自我去完成看起来很难的工作,并获得了成功。

小孩玩游戏,需要糖果做奖励;训练小动物,也需要有食物做激励。同样,你想要前进,就先定个美好的目标来激励你的行动吧!想象你的目标,让这种思想留在你的意识里面，让这种想象随时显现在你面前，激励你实现自己的目标。

改变思想就能改变人生。把正确的思想、积极的人生观输进你的潜意识里去，不要去想那些消极的东西，以便自己能满怀信心去处理问题，有勇气和力量去面对问题。

点燃激励之火

甘于平庸、不思进取的人，纵有天大的才气，也使不出来。而要想获得力量，如雄鹰展翅翱翔，发出生命的光和热，你不仅要有积极的人生观激励自我的潜意识，还必须点燃激励之火，它将激励你不断向前。

点燃你的生命之火，这种火能把你内心的力量发挥出来。

事实上，你永远没有办法知道自己内心蕴藏着多么巨大的能量，只有在受到驱动和激励之后，你才能感觉到自己内心的某些潜力。

把你的才能呈现出来，搜寻你内心真正的潜力，然后再把你的潜力发挥出来。不要退缩，要全力发挥出来。

最有力的激励是精神的激励，所以，你应多接触一些精神方面的东西。应随时提醒自己，接受能激励人的考验，应该经常使自己接触可以激励你的事物，以提升你的精神和心智，使你在情绪和智力上的反应都能更上一层楼。多读一些励志的书，如著名人物传记。多认识一些有成就的人，多和他们交谈，仔细听听他们的想法、观念，研究他们的方法和经验。

请提高警觉，随时去接受那些真正能够激励你的神话般的奇迹，使你充满活力、动力，使你不停地思考、不停地企求、不停地梦想。心智要随时保持敏锐，以便这些奇妙的想法在你内心深处显现出来。

多参加一些励志的集会，多认识些认真生活、乐于助人的朋友。尤其重要的是：尽量远离愤世嫉俗的人、爱发牢骚的人、消极的人。这样有利于你培养具有激励性的想法，具有向前冲刺的力量的想法。

在逆境中更要有激励之心，因为在困境中常常会得到平时难以得到的东西。有时激励是以重大打击的形式出现。而困境会促使积极的人更用心去思考、更努力去工作。正如莎士比亚所说的"欢乐由逆境而生"，逆境是一种激励的力量，可以使人的精神提升到更高的境界。

不应该放弃自己，不应该对自己的努力抱失败主义的态度。把自己完完全全地展现，没必要保留起一部分能力，别害怕让自己进步，别害怕发挥出自己的禀赋。不论你要做什么事，永远不能只是打算而已，而要全力以赴。最好的想法不行动也永远只是空想。为了能获得成功，你必须点燃激励之火，这样才能让你的"能力之水"达到沸点！

让你的"能力之水"达到沸点

要想使水变成蒸气，必须把水烧到摄氏 100 度的温度。水只有在沸腾后，才能变成蒸气，产生推动力，才能开动火车。温热的水是不能推动任何东西的。

许多人都想用温热的水或将沸未沸的水，去推动他们生命的火车，而同时他们却还要诧异，为什么自己总是不能向前突进，出人头地。

正如克里蒙特·斯通所说："一个人对待生命的温热态度，对于他自己一生所产生的影响，与温热的水对于火车所产生的影响相等。"

就以克兰·赖班的故事为例吧。

克兰·赖班在棒球赛中担任投手，以能投出一种壶把状的下坠球而著名。他小时候，右手食指曾经折断，由于没有接好，虽然后来痊愈，却造成第一与第二指节的永久弯曲。当时克兰已经深深迷上棒球，因此他很沮丧，对他来说，棒球生涯的美梦似乎就要结束了。

但是，他的教练对他说："别这么死心眼儿，有时候，看起来很不幸的事，结果却是幸福的化身，这要看你怎么处理而定。俗语说：'每一种不幸都含有更大利益的种子。'你对生命的态度将决定你人生的方向，你要不断激励你自己，你要相信自己同样可以成为一个最出色的棒球队员。"

克兰把教练的忠告牢记在心，继续打球。不久他就发现那根弯曲的手指在投球时也能派上用场。指节弯曲使投出的球会自动旋转，这是别的投手做不到的。克兰因而信心大增，他年复一年地苦练这种旋转球，终于成为一个好投手。

他是怎么做到的呢？天赋与辛勤的苦练当然都是他成功的因素，但更重要的是他人生观的转变。克兰·赖班学会从不幸的环境中找寻好运。他使用他的"隐形护身符"，把积极人生观的那一面朝上，激励自己对生活始终抱有乐观进取的态度，终于把成功吸引过来。

俄国的文艺评论家富利捷曾经说过："人生是学校，不幸是比幸福更好的教师。"然而，大凡人处于不幸或逆境中时，总会埋怨自己的命运不好，若换个角度来看，在逆境中往往能学得在顺境中所没有的事物，你便不会再怨天尤人了。

前面我们已经说过在逆境中更要有激励之心。如果身处逆境，你要勇敢地站起来，化解不幸。你必须首先改变自己悲观失望的想法，你要激励自己以一种更加执着的方式去追寻你所要达到的目标，而如果光是等待而不设法改变现状，事情永远也不会有转机。

有许多人要是没有大难临头，往往不会发挥出真实的力量。除非遭遇失败的悲哀以及其他种种创痛，否则他的生命是不会焕发光彩，他们内在的潜力也是无法被唤起的。检验一个人是否能够成功，最好是在他处于不幸的状态时。处于不幸中的他，会付出更大的努力吗？是决心更加努力进取，还是就此心灰意冷？而一个成功者，不管处于何种境遇，他的初衷和希望都不会有丝毫的改变，而是不断激励自己激流勇进，锐意进取。

所谓伟大而有价值的生命，它一定是一个怀着可以主宰、统治、调遣其他一切意志念头的中心意志。没有这种中心意志，人的"能力之水"是不会达到沸点的，生命的火车同样也是不能向前跃进的。

所以你若想获得成功，就应振奋精神开拓自己的命运，对眼前的不幸的境遇要积极去挑战，而在你认真去寻求对策处理时，自然会感觉到自己时时刻刻都在慎重地考虑以选择某些奋斗时机。而改写你的现状的强大的动力正是这种自我激励，让你的"能力之水"达到沸点，推动你勇往直前！

"情感热钮"的激励作用

你已经知道了如何点燃自己的激励之火，使自己的"能力之水"达到沸点，而如果你要激励别人，你就要摁动他的"情感热钮"！你要是摁对了钮，你就可以激励一个人去采取行动。

列昂那德·艾文士由克里蒙特·斯通公司的一名推销员晋升为推销经理，后来则成为密西西比州的地区经理。

虽然作为一名推销经理来说，列昂那德是成功的，但是他变得自足，业绩就变得平淡了。推销保险是好的行业，列昂那德的收入也不错，但是斯通不满意他作为一名全国推销业务经理的表现。于是，斯通一再地摁下列昂那德的"情感热钮"，希望能引发出他内心的激励，使他离开自我封闭的象牙塔。但是每次他抓到了一点儿激励之火，不久就又熄灭了。

列昂那德还是自满自足，斯通也还是继续尝试着。列昂那德虽然有些改进，但是他并不能赶上公司在全美国的发展。后来有一天，斯通收到列昂那德的太太斯可蒂寄来的一封信，信中说："列昂那德心脏病发，极为严重。医生说他可能活不久了。列昂那德要我写信给你，向你提出辞职。"

如果列昂那德身体健康而提出辞呈，斯通会很高兴地接受。但是做生意并不只是赚钱，斯通更希望列昂那德能活下去。

斯通知道激励的秘诀不只是诉之于道理，还要诉之于情感。因此他谨慎地写了一封信给列昂那德。在信中斯通拒绝了列昂那德的辞职，并告诉他的未来还在他的前面。而且，斯通建议他多研究、多思想、多计划。此外斯通还提到他和精神励志大师拿破仑·希尔所编写的《成功的科学》教材的价值。这项教材一共有 17 课。斯通要求列昂那德回答每一课后面的问题，尤其要集中精力回答第一课的第一个问题："什么是你的主要目标？"斯通告诉列昂那德，只要出院回家后能够见他，他就立刻飞到德姆特去看望他。

经验告诉斯通，一个人要活下去的办法是让他在生活中有一件追求的事。斯通在信中还告诉列昂那德："我们需要你，而且非常迫切地需要你。快点康复起来吧，我还有一些大计划等着要你去做。"

列昂那德真的活了下来，而且很快地就康复了。因为他在生活中有了值得追求的东西，他认识到生活不只是做生意和赚钱。

在斯通到他家的时候，他已经不再躺在床上了。他开始研究、思考和计划。他确立了以下 5 个主要目标，并且因此受到激励。

（1）3 年以后在 12 月 31 日退休；

（2）在退休之前每年的业绩要增加 1 倍；

（3）赚取具有 100 万美元价值的实体财富；

（4）要做一个已达而达人的人，以激励、训练和引导的方式来促使他所督导的推销员和推销经理赚得大量的财富；

（5）最重要的是把他研读克里蒙特·斯通和拿破仑·希尔的《成功的科学》教材时所获得的激励和智慧与别人一同分享。

后来，这 5 个目标列昂那德都达到了。

很多听过列昂那德演说《积极的人生观》的人都改变了他们的生活，而走向更好的明天。推销员、推销经理、10 多岁的青少年、各俱乐部的商人、教师等，他们都认为列昂那德协助了他们，把他们的世界变得更好。

克里蒙特·斯通诉之于情感的激励诀窍使列昂那德获得了新生，他重新确立了前进的轨道，用积极的人生观去追求更美好的生活，与此同时，他积极进取的心智也激励了他周围的人，成为推动别人前进的动力。所以要激励个人，你必须要先找出他的"情感热钮"，你必须先知道他需要得到什么，以及你如何帮助他。

而要撼动别人的"情感热钮"，你要先帮助他看清心中所想，而目前没有的东西。在他的欲望燃烧起来的时候，你就已经撼动了他的"情感热钮"。而且，这种激励别人的方式同样也适合我们自己，也可以成为我们前进的动力，只要我们找到可以激励自己的"情感热钮"。

学会拒绝，有勇气说不

有为之士的成功故事可以给我们带来很大的鼓舞，但在我们的生活当中，这样杰出的人物毕竟是少数，我们身边更多的是平凡普通的朋友，但我们同样可以从他们身上获得激励的力量。不过有些时候，也许你身边的朋友会引诱你去做一件不好的事情，或采取不好的或有害的行动，所以你要培养出说"不"的勇气。下面的一个故事可以加以说明。

有一天，克里蒙特·斯通从艾德怀机场坐计程车到纽约。司机十分健谈，而斯通一直耐心地听着，一句话也没有说。直到司机说道："这个地区是我生长的地方。某天晚上，我因拒绝跟一帮人去抢对街那家杂货店，而被他们称作小妞。我永远也不会忘记这件事。那天晚上我跑回家，我知道我不能和不良分子在一起。有些人在受到朋友引诱的时候没有胆量说'不'，这真是非常滑稽。"

"这并不怎么滑稽，"斯通反驳道，"这是悲剧。因为这就是大多人变坏的原因。他们和不好的人在一起，而他们受到引诱的时候却没有胆量说'不'。你知道吗？每年有 150 万个 10 多岁的青少年，因偷车和其他的罪行被送进感化院。"

在第二章里我们已经提到过用自我暗示来提升自己，同样我们也可以用自我暗示来激励自己，拒绝诱惑。

克里蒙特·斯通上高中一年级时，他结交了一些新朋友。一次，他的伙伴半开玩笑、半认真地提议晚上到废车场去拿些汽车轮轴盖子。斯通的母亲知道此事后，告诫他不能养成偷窃的坏习惯，否则，他的良知就会感到不安。斯通母亲教导他用"你不可以偷窃"或"要有说'不'的勇气"这些自我激励的话来自我暗示，那么"你不可以偷窃"以及"要有说'不'的勇气"这些字的象征思想，就会从他的潜意识闪入意识之中。

斯通的母亲建议他连续一个星期，每天早晨、晚上重复说"你不可以偷窃"以及"要有说'不'的勇气"。而斯通自动地对自己重复说这些话，并且把这些话印入他的潜意识中，以备在需要的时候帮助自己，也就是说他运用了自我暗示激励自己拒绝诱惑。他的潜意识受到影响，当他面临紧急情况的时候，潜意识就会把这些自我激励的话充斥到意识思想之中，来自我暗示。斯通因此有了说"不"的勇气。

人的行动都是对自我暗示的反应。例如，小孩学习走路，是因他看到父母走路；他学习说话，是因他听到别人说话。在他学习读书后，他会从书本中得到观念和看法。

因此，从你自己的经验中，你应该观察到，每一次你到一个新的环境之中，或者在你去做一件你从来没有做过的事情时，你会有一种畏惧的感觉，使得你犹豫不前。当第一次受引诱去做一件不正当的事情时，你尤其会有这种感觉。如果因为非常畏惧而阻止你去做不好的事，能保护你不至于遭到未知的危险。

除非一个人以前常常违反社会规范，而养成了做坏事的习惯，否则他在做一种较严重的坏事之前，一定会先停下来想一想。一个人不可能一下子就犯下滔天的大罪，而运用积极的自我提示激励自己，是驱除邪恶的有力武器。

坚持到底，梦想成真

能使得自己的人生更加精彩，以及引发想象和美感的事物：像绘画、雕刻、建筑、诗词、音乐、舞蹈、演艺以及诸如此类的事物，这些都包括在文艺之中。对很多人来说，这些东西使他们觉得生活有价值。这些东西带来心灵的舒畅、满足和欢乐，刺激起创造性的思想，以及激励了各种年龄和各行各业的人。

因为热爱音乐，激励了一位没有钱上英透罗真国家音乐营的小女孩。当她最后到了英透罗真之后，她用她的时间和才能让成千的儿童梦想成真。下面就是她讲述的有关她自己的故事：

"在我还扎着马尾辫在密苏里州一个小镇学校乐队里吹着次中音萨克斯风的时候，我和美国其他成千上万的小音乐家一样，最大的梦想是到那时候我只知道叫作英透罗真——密歇根州北部林区最著名的地方——去度过一个夏天。

"那时候对我们来说，英透罗真是一个神奇的名字，是一个夏令营，喜欢音乐的小孩可以到那里尽情地玩奏乐器。但是对我们大多数的人来说，那里似乎是遥不可及的，因为在那些经济不景气的年月里，我们都知道那只是一个永远不能实现的孩子的梦想而已。

"由于我热爱音乐，由于一个地名叫英透罗真——这个地方我以前从来没有看到过，对那里的情形一无所知，但是这个地方在我心中留下深深的遗憾——由于我不够好而不能到那里去，但我暗下决心，有一天一定要到那里去。尽管我的老师暗示我吹奏萨克斯风的前景并不光明，我却更加勤奋地练习。我决心要做一名音乐家。我开始储蓄金钱，准备上大学学习音乐。

"但是在我高中毕业之前，我的音乐教师告诉我，我写诗会比吹萨克斯风更有前途，她建议我去进修新闻学。而我也真的去学新闻了。"

就这样，诺玛·李·布朗宁读完了大学，和大学同学罗塞·奥格——一位著名的摄影家结婚，两个人一起到纽约和其他地方，结成了一个写作和摄影小组。

"1941年夏天，"诺玛·李·布朗宁说，"罗塞和我为了给《读者文摘》写一篇文章而开车到密歇根州北部。突然我们前面竖着的一个牌子，惊醒了我的回忆。因为这块牌子上面写着：英透罗真——国家音乐营——请向左转。"

"在突然的情绪冲动下，我大声喊着：'我一定要去看看这个地方。我要看看这个地方是不是像我一直梦想的那样美丽。'"

那个地方正像她还是一个小女孩时梦想的那么美丽，后来，她把那里的一切都在书中美妙地描写出来了。

这个故事的结局有意思的是，当年的小女孩因为家里太穷而不能英透罗真，她的萨克斯风老师又没有给她较高的分数以赢得英透罗真的奖学金，而她现在居然成为英透罗真教职工中的一员。诺玛·李·布朗宁是第一批受邀成为新的英透罗真文艺学院的教职员之一。然而，她不是教音乐，而是教那里具有天分的青少年写作。

有些人也有高超的目标，但是失败了，因为他们可能根本就没有开始行动，或是只走了一段路就放弃了，他们没有继续走完全程，而要达到目的地，不论它在什么地方，都必须要坚持到底。

没有什么可以阻止你，只要你用自己的目标不断激励自己，那么你一定会梦想成真。

你背脊骨很硬，你很行

美国哈佛大学的心理学家威廉·詹姆士通过研究发现，一个没有受到激励的人，仅能发挥其自身能力的 20％ 至 30％；而当他受到激励时，其能力可以发挥至 80％ 至 90％。也就是说，同样一个人，在被充分激励后，所发挥的作用相当于激励前的 3～4 倍。

激励就是鼓舞人们做出抉择并进行行动，激励就是用希望或其他力量激起人们的行动，使之产生特殊的结果。

"'你背脊骨很硬——你很行！'这句话始终激励着我。"卡尔·艾乐说。他 33 岁，是艾乐户外运动广告公司的总裁。在一次的早餐会时克里蒙特·斯通访问了他。

因为斯通听说卡尔以 500 万美元的高价买下了法斯脱——凯勒塞户外运动广告公司在亚利桑那州的分公司，便在那天早晨访问卡尔和他的太太仙蒂。那次访问非常愉快，令斯通深受启发。

"我在吐桑高中一年级时，一切就开始了。"卡尔说，"我并不怎么会玩橄榄球。有一次练习时，我甚至没有球衣可穿。但是奇妙的是，当第一队的明星球员向我这里跑来时，我却能把他挡住。我猛力冲向他，把他撞倒在地。在下一次进攻中，他跑向另一边，我又在那边把他挡住。这使他非常生气。他尝试的次数越多，就越生气。而他越生气我就越容易挡住他。连续 6 次我都把他挡下来。练习后，我坐在更衣室里换衣服。正低头穿袜子的时候，我感到有一只手放在我的肩上。我抬头一看，原来是教练。他问：'你以前担任过后卫吗？''没有，我以前从来没有担任过后卫'我回答说"。

"当时，教练说了一句我永远也不会忘记的话：'你背脊骨很硬，你很行！'说完了他就走开了。'你很行？这是什么意思？'我问我自己。第二天我就得到了答案。我听到教练大声宣布：'卡尔·艾乐，第一队后卫。'我大为惊讶。"

"然后我记起来了那句话：'你背脊骨很硬，你很行！''你很行'表示他信任我，因此，他满腔热情地给了我一个这么重要的位置。我不能拆他的台，他的信任使我产生了自信。从那时起，当我开始怀疑我的能力时，当一切很困难的时候，当我该去做某一件事而又不知如何着手的时候，我就对自己说：'你背脊骨很硬，你很行！'这样，我便会恢复自信心。"

"朗努·葛瑞礼是吐桑高中的教练，他知道如何促使一个人发挥最大的能力。我们在 33 场橄榄球比赛中保持全胜。亚利桑那州 15 项冠军赛中我们赢了 14 项。这是什么道理呢？因为葛瑞礼知道如何激励我们每一个人。"

"你读大学时是不是自己赚钱读书？"斯通问。

卡尔回答说："在读亚利桑那大学的时候，我不需要付宿舍费，因为毕凯第法官让我住在教师的私人房子里，负责为他整理草坪。我吃饭也不要花钱，因为我在卡巴·阿尔法·塞特姊妹快餐厅工作。就是在那里我遇到了我太太仙蒂。"

仙蒂接口说："卡尔在学校里所赚的钱，要比他毕业后第一个工作所赚的钱还多。在学校里他雇用了 25 位同学为他工作。他包下了校园中所卖的一切东西——热狗、糖果、冰激凌等，你能说出的东西卡尔都经营过。他出版并发售《飞济通报》——一学期卖出 600 份，每份 4 块钱。他发行运动节目单，并为运动节目做广告，引发了他毕业以后做广告这一行。"

卡尔为人友善，吐桑商界每一个人都喜欢和他交往，当他要求他们在运动节目上或大学的杂志报纸上登一篇广告的时候，他们都会同意。卡尔也是一位好推销员。年复一年，他都能保住他的客户。因为他的客户喜欢看到他，他也给他们看到的机会。

毕业之后，卡尔向芝加哥的一家大广告公司申请工作，他们给他的待遇是周薪 25 美元。

"我没有去那家公司，"卡尔说，"我在吐桑市的法斯脱——凯勒塞户外运动广告公司找了一份工作。"

卡尔推销广告的成绩非凡，升迁的速度也非凡。他很快就升为凤凰城分公司的业务经理，又升为旧金山总公司掌管全国推销业务的业务经理，在 29 岁时他已经升为芝加哥分公司的副总裁和经理。

卡尔的成功经历告诉我们：用积极的人生观激励自己，你心里所想的与相信的东西，一定能够得到，因为自我激励是使你事业成功的推动力。

指导你的思想进行自我暗示

在这一章里，我们了解了激励人前进的因素有很多，而在众多激励人心的因素中，自救的欲望是最强烈的一种。

爱德·理肯贝克机长是全美国最杰出、最受尊敬的人之一。他的杰出在于他是东方航空公司的总裁，他受人尊敬则在于他的修养。艾迪机长是别人对他的昵称，他是信心、正直、乐观与知识的象征。凡是见过他、听过他演讲或看过他的书《怒海余生》的人，都会受到他的精神鼓励。

《怒海余生》讲述了一架载着艾迪机长和机员的飞机坠到太平洋里。当时，在飞机失事后的第一周，飞机残骸和机上人员没有一点儿踪影，第二周也没有。但是在第 21 天艾迪机长和众人获救了，这个消息震惊了全世界。

想想看，艾迪机长和机员在太平洋里的 3 艘小艇上，除了海天茫茫，什么也看不见，他们在飞机坠入海水时所受的惊吓和在烈日下所受的煎熬与饥渴，是常人难以忍受的。当时 3 艘小艇绑在一起，每日早晚，艇上的人个个垂头丧气，度日如年。但艾迪机长非常坚定他们将会获救，一时一刻也没有失去过信心。尽管其他人没有这种心情，他们用自己的消极人生观来想象可能会遇到的各种可怕情景，但艾迪机长没有动摇一丝一毫。

艾迪把自己的想法告诉机员，激励起他们支持下去的勇气。最终，他们全部获救。

如果我们想激励自己，我们就要把基本动机列出来。比如自救的欲望、爱的情绪、恐惧的情绪、身心自由的欲望、愤怒和痛恨、自我表现以及物质财富的欲望等。"寻求就会找到"是放诸四海而皆准的道理，也适用于寻求自我行动的激励因素。

你具有经由思想而做到自我暗示的能力，而当你重复这些思想，并采取相应行动的时候，你就可以建立起一种习惯。你指导你的思想，你就可以建立和控制你所希望获得的习惯，进而以新习惯代替旧习惯。例如，你想养成一个好习惯，而且每当你有这个想法的时候，你就付诸行动，不久就可以养成这种好习惯了。这就是你如何有意识地培养内心的激励以使你采取行动的方式。这种向前的力量会帮助你。你可以运用这种动力，推动自己做出有价值的成就来。

继续阅读本书，你就会明白，你可以随意地运用这种动力，并借助成功的方法诀窍获得财富、健康和幸福，使你的生活更加美好。

引领你走向成功的方法诀窍

希腊船王欧纳西斯是世界首富之一。据说在他的桌上放着一块牌子，除了提醒自己以外，亦要求员工朗读，牌子上写的是：找出方法来，不然就创造出一个新方法。

我们常常活在过去的经验里，脑子里只有自己生活的狭小世界，在旧经验中我们绞尽脑汁，却遗忘我们拥有创造方法、创造未来的能力。

为了打破我们过去经验的总和以及决定我们目前行为的决策法则，我们必须试着去寻找突破思维惯性的方法。

我们必须冲破习惯性的"枷锁"，而有系统、有方法地转换我们习以为常的思维模式。要知道，成功的人就是比别人多掌握了许多的方法和诀窍，以应对各种问题，从而把握了自己人生正确的航向，使自己立于不败之地！

成功需要正确的方法

早在莱特兄弟之前有许多发明家差一点儿就把飞机研究出来了。而莱特兄弟所用的原理和其他人完全相同，但是他们加上了"另外一点儿"东西。他们创造了一种新的结合，因此别人失败了，他们反而获得成功。这"另外一点儿"其实很简单，只不过是他们把特殊设计的活动翼缘加装在两个机翼的边缘上，好使飞行员能够控制及维持飞机平衡。这些活动翼缘就是今日辅助翼的前身。

在别人失败以后，小小的活动翼缘竟然就是飞机能够起飞的动力。所以说，"另外一点儿"并不在于量的多少，真正有用的是正确的方法。

在亚历山大·格拉汉姆·贝尔之前，很多人都称自己是电话发明人。那些已经获得专利的人，有葛瑞、爱迪生、杜贝尔、范德维以及赖士等人，而赖士是唯一最接近成功的人。然而，造成成败之差的微小不同却只是一个螺丝钉。赖士如果把螺丝钉转四分之一转，就会把断续的电流变成连续的电流，他就成功了。

而就像莱特兄弟一样，贝尔所加上的"另外一点儿"也很简单。他把断续的电流变成持续的电流，因为只有这种电流才可以复制人类的语言，而这两种电流其实是完全相同的直流电，所谓"断续"是指稍微停顿中断。贝尔特别保持了线路的畅通，而不像赖士那样让电流时断时续。而赖士从没想到这一点，因此他也不能以电报的方式来传话；贝尔却想到了，也成功了。

你会发现上面的成功故事都有一个共同性，那就是在每一个故事里，那个秘方都是应用一个原先没有被用到的自然规律，就是这一点造成了成败之间的差异。因此，如果你正好站在成功的门槛上而无法前进，就请你加上"另外一点儿"东西。

这"另外一点儿"并不神秘，它不过是引领你走向成功的方法诀窍。它就像"画龙点睛"似的最后一笔，使毫无生气的巨龙破壁腾空，化腐朽为神奇。

在人生的旅程上，你为自己设立了一个成功目标。然而，虽然你一直在努力，但是你发现离你所希望达到的目标仍有很大的差距。这是因为你没有为自己争取成功的方式加上这"另外一点"。那么，要如何加上这"另外一点儿"呢？接下来我们就会告诉你答案。

努力获得成功的方法诀窍

在谈及成功的方法诀窍时，克里蒙特·斯通说："我母亲的菜做得很好，但是她没有办法告诉我，她究竟是怎样做的。她只会说'这样放一点儿，那样放一点儿。'但是她炖的汤、做的肉丸子，以及烤的饼就是好吃得不得了。这是因为母亲懂得诀窍。而有没有方法和诀窍常常是成功和失败的分野。"

方法诀窍并不是指知道如何去做一件事情——那是行动知识。方法诀窍是以正确的方式、技巧，以及最少的时间和努力去做好某件事情。在你具备方法诀窍之后，你就能成功地做好某一件事情，这是一种从经验中自然产生的良好习惯。

但是如何获得方法诀窍呢？只有从"做"中获得。这是克里蒙特·斯通培养推销保险所需诀窍的方式，如同母亲为什么能把菜做得好的道理，每一个人获得方法诀窍的途径，就是必须亲自去体验。

当你需要时，要知道在哪里找。

正如19世纪法国哲学家笛卡儿所说："我思故我在。"方法和诀窍也是要你个人努力思考、用心学习才能找到。克里蒙特·斯通建议我们可以从以下几方面开始：

1. 虚心学习

要有诚心诚意的态度，抱持"处处留心皆学问"的精神。

2. 升高一层地观察和思考

站在更高一层的位置来看问题和想问题，把我们的位置提升，我们更能体会大我与小我之间的关系。

3．变换角度

任何事物都有彼此相同或不相同之处。其实大自然已经给我们提示出许多解决方法，只看我们是否能运用自己的智慧找到正确的角度。

4．改变环境

人受环境的影响很大，每个成功的人，都会主动选择最有益于向自己既定目标发展的环境，变不利为有利。

5．脑力激荡

脑力激荡是通过群体的力量，尽可能想出一大堆的主意，然后再来进行探讨评估，找出解决问题的最佳方法。

6．以退为进

暂时离开问题，好的策略需要时间来考虑，偶尔将自己抽离，不必着急要现在解决一切。让脑子休息一下，往往绝佳的创意会瞬时涌现。

"师父领进门，修行在个人。"要想有所作为，要获得成功，方法诀窍是必需的。因此，如果你要成功，就要努力去获得方法诀窍。

学习是成功的基础

要想掌握成功的方法诀窍，首先要从虚心学习开始。因为走在人生路上，你要面对许多考验，解决诸多问题，才能突破局限，走出一片天空。所以要不断学习，在磨炼中成长，在历练中蓄势待发。

生活在现代社会里，进步快，变迁快，知识和技术容易过时而被淘汰。如果你不肯学习，就注定会落伍。

学习是人成功的基础，人生只有在知识的海洋中遨游，才可最终达到成功的彼岸。人不能仅凭空想、幻觉生活一世，人成功的秘诀就存在于不断地求学、求知之中。

求知能推进、成就人的事业，赋予人生以价值，这里有两个方面的含义：一是求知能使人心灵得到净化，使人身心获得健康的发展。一个人热衷求知，好学以恒，以学为乐，那么，面对人生知识的矿藏，他的头上就有了一盏不灭的"矿灯"，永远有亮光照射前方，不管道路是多么艰难。同样，面对人生知识的海洋，他的身上凝聚着巨大的胆量，永远有勇气直奔彼岸，无论前途是如何的波澜起伏，哪怕是巨浪滔天；一是求知能使人获得走向成功的方法诀窍。人们学习知识后，知识将成为跨越障碍、征服险阻的桥梁。

即使一个人在生命的进程中略有成就，已获得一定程度的人生价值的实现，但要有更大的发展，还在于治学本身，人一时的功成名就并不意味着学习的终止，而只是一种更新、更高学问探索的开始。"学海无涯苦作舟"才是真正成身于学的精神，"学如不及，犹恐失之"也正是人们应该具备的思想。

美国的教育专家吉妮特·佛斯认为，教学的首要步骤在于要有正确的学习情绪，当我们因为外力所迫而学习时，心是逃离的，内在的自我有着强烈的抗拒情绪，我们的精神不能集中，这样的学习只是徒费心力与时间！相反，若是我们了解学习对于自身的意义，我们就可以充分融入其中，感受知识瀚海的辽阔与自身的渺小。

学习的动力是谦虚。凡事虚怀若谷，肯向别人讨教的人，总能学到最扎实的本事。你不要小看肯说"不知道"的人，他们学得比谁都勤，比谁都快。

学习不一定要找现成的答案。最宝贵的学习是从你亲身体验中得来的。听来的知识如果没有亲身的历练，那些知识很少有实用价值。

坚持原则使人成功；执着而不懂得变通，却是失败的根源。要解决生活上林林总总的问题，必须具备一套有效的工具，这些工具就是由不断学习而掌握的方法诀窍，其对我们坚持完成工作和生活目标，具有决定性的影响。

所以，给自己布置一个理想的学习空间吧！学习是一种习惯，这种习惯将训练出谦卑、尊重与包容的特质，在我们追求成功的同时，给予我们驶向正确航道的方法诀窍。

常问自己为什么

一位英国青年到祖母的农场去度假。有一天他仰面躺在苹果树下想心事，忽然有一个苹果掉到地上。

"苹果为什么会掉到地上呢？"他问自己，"是地球吸引苹果，还是苹果吸引地球呢？或是彼此互相吸引？其中究竟牵涉什么原理呢？"

杜邦德公司的一个化学师做了一个试验，后来失败了。他在实验结束以后打开试管，发现里面什么也没有。他很奇怪，不禁问道："怎么搞的？"别人在这种情况下可能早就把试管扔了，他却没有。他把试管拿来称一称，结果大吃一惊。它比同型的试管要重，他不由得问自己："这是为什么？"

这两个故事的结尾众所周知，牛顿努力研究的结果使他发现了自己寻找的答案：地球与苹果互相吸引，质量相吸的原理适用于整个宇宙。

同样，罗以·柏蓝基博士由于追求问题的解答，结果他发现了一种通称"铁夫龙"的奇特的透明塑胶。后来，美国政府跟"杜邦德"签约，收购了它所有的产品。

牛顿发现万有引力定律是因为他肯观察，去追求事情的答案；柏蓝基能发明"铁夫龙"也在于他肯去寻求问题的答案。

遇到自己不懂的地方时，不妨问问自己"为什么"，更深入地去研究，很可能就会大有收获。

问自己问题，将不懂的事情随时问自己或请教别人，会获得丰厚的回报，正是这个方法造就了世界上无数的成功者。他们在解决问题的过程中找到了方法和诀窍，从而获益匪浅。

在全世界 IBM 管理人员的办公桌上，都摆有一块金属牌，上面写着"Think"（思考），这是 IBM 公司的创始人华特森鼓励员工的"座右铭"，而对每一个问题都充分地思考，是 IBM 公司得以在当世傲立的重要原因。

人类脑细胞有 165 亿个，而我们一般人只用了 2 000 万个，试想如果我们能更加充分地利用我们的脑细胞，那我们离成功是不是更进了一步呢？

常问自己为什么，可以使你进一步地观察和思考，使你找到更接近成功的方法诀窍。

打破传统思维，不破不立

人们常常说，人脑的功能和一部电脑非常相似，而经过稍加调整后的头脑，就像一部活电脑，会运作良好，能更好地控制你的潜能。

电脑会运作并利用它所储存的资料，资料的正确与否对它来说并不要紧——而你的活电脑也是如此：根据储存的资料（记忆），它有系统地调节你在生活中做出的决定。不管是决定要试吃一只红辣椒或者开始一段新生活，这个活电脑会帮助你决定这个想法是愚蠢的还是个可利用的好机会。

但如果你的资料库（头脑）储存了错误或是不完整的资料，那么，当你的意志利用你头脑所储存的资料，来做决定或是解决关于你的未来问题时，由于意志所得到的是不完整或不正确的资料，其必将产生不良后果。

因此我们必须不时更新自己的观念，学会从不同的角度，寻找解决问题的方法诀窍。下面的这个故事或许对你转换自己的思维方式有一定的帮助。

在一次宴会上，一位客人对哥伦布说："你发现了新大陆有什么了不起，新大陆只不过是客观的存在物，刚巧被你撞上了。"

哥伦布没有同他争论，而是拿出一只鸡蛋让他立在光滑的桌面上。

这位客人试来试去，无论如何也不能把鸡蛋立起来，终于无能为力地住手了。

这时，只见哥伦布拿起鸡蛋猛力往桌面一磕，下面的蛋壳破了，但鸡蛋稳稳地立在桌面上。之后，哥伦布说了一句颇富哲理的话："不破不立也是一种客观存在，但就是有人发现不了。"

我们当中的许多人也成天在抱怨嘲笑别人这也不行，那也不对。而当自己去干时，结果却什么也干不了。因为传统的思维已成为一种定势，让他们在自缚的茧中无力自拔。当一种新生事物来临时，他们除了嘲笑、怀疑之外便是无动于衷，也无能为力。

　　事实上，我们每一个人都会受传统看问题方式的影响，这很容易让我们对人、事物抱持主观态度，并且坚持己见、不愿妥协。其实真正的问题，可能只是角度不同而已！就像哥伦布所说，不破不立，正是一种客观存在，重要的是看你能否找到发现这个客观存在的方法诀窍。

环境因素的影响

你是注意到充满青春活力与绚丽色彩的极乐岛呢？还是埋头为路旁的杂草伤神呢？你在雨后呼吸到清新的空气时，是露出微笑呢，还是两眼盯着道路上的泥泞呢？当你走过一面镜子，无意中看到自己的影像时，你看到的自己是一副喜色，还是一副愁容呢？你对现实环境抱什么样的观念，环境就会给你的思想方法和行为举止涂上什么色彩，所以你应该自己为自己营造一个无论在什么样的环境下，仍积极进取的心态。

无论身处什么样的环境中，保持乐观进取的态度，是取得成功的关键。同样一种环境，常常既可以说是"好事"，也可以说是"坏事"，既可以说是"幸事"，也可以说是"倒霉事"。到底如何看待，要取决于个人的态度。

在克里蒙特·斯通初中快毕业的时候，他母亲因为事业的发展而必须搬到底特律去住。为了让斯通能有一个好的学习和生活的环境，他母亲决定让他寄住在一个家风正派的英国裔家庭。这位母亲的决定十分正确，因为正是这个良好的生活环境使斯通的身心得以健康发展，没有走上歧途。

这段时间的生活给了斯通一个重大的教训。这个教训后来变成斯通所倡导的成功学的一项原则：人受环境影响。因此，我们要主动选择最有益于向既定目标发展的环境。

斯通在证明这一原则的重要性时，常会提起他认识的一名年轻人。这个年轻人初中时几乎每一年都要留级。他勉强读完了高中，但是在进入州立大学的第一个学期，他终于被学校开除了。

他是失败了——但是这很好，因为他因此而觉得不满足。他知道他有能力成功。检讨过去，他认识到他必须改变人生观，并且要用加倍的努力来弥补过去浪费的时间。

树立了这种新的人生观之后，他进入了一家专科学校。由于他确实努力用功，最后以全班第二名的成绩毕业。

然而，他并没有到此就停止了进取，而是申请进入一所全美国第一流的大学，这所大学的学术水准极高，极难获准入学。该校校长在回复他申请的信中问道："究竟是怎么回事？你以前好多的成绩都不好，后来又怎么会在专科学校里有那么好的成绩呢？"

这名年轻人回答说："起初，要我定时经常读书是件辛苦事，但经过几个星期努力之后，读书也就变成习惯。对我来说，在一定的时间去读书已变成自然的事了。有时我期望早一点儿上课，因为在学校里成为一个'人物'，受到别人的赞誉，对我来说，是一件非常令人快乐的事情。"

"我的目标是成为班上第一名。可能因为我在大学一年级被开除时使我大吃一惊，因此而醒悟过来。这是我长大的开始，我就是要证明我有这种能力。"

由于他正确的人生观，以及在专科学校的成绩，这位青年获准进入了那所大学，而在那所大学里，他也创造了令人羡慕的成绩。

这个例子中的年轻人起初在学校里的成绩很不好，受到激励后去寻求所需要的知识，而且专心读书律己。

他选择去读那所专科学校，是因为那里的环境能培养良好的读书习惯。他凭着不懈努力而获得了读书的方法诀窍，最终获得成功。

"近朱者赤，近墨者黑。"接近成功的环境，会让我们学到更接近成功的方法，因此当我们选择生活环境时，一定要选择有竞争力的地方，这样不仅让自己的才华可以完整地展现出来，还会使我们找到更加接近成功的方法诀窍。

选择利于发展的环境

环境因素对人有很大影响的这一项原则一直是克里蒙特·斯通生活哲学的一部分。斯通认为，由于人是环境的产物，所以，我们应该选择环境以便尽量发展自己。而这项原则正是斯通努力去实行的。

斯通的儿子小克里蒙特是在 1929 年 6 月 12 日出生的。在他 2 岁半前，他似乎总是受到感冒、花粉热和气喘病的骚扰。他曾在整个冬天，不断地生病，而医生似乎也帮不了什么忙。

由于斯通还在念西北大学的时候，曾在一本书中看到美国有些州是不在过敏花粉散布区之中，如华盛顿州、科罗拉多州和密歇根州北部。所以他买了在密歇根州艾希朋敏市的北林俱乐部会员证。这个俱乐部有 4.3 万亩——私有的湖泊和度假设施。斯通打算等小克里蒙特大得可以享受那里的设施时再去那里。

小克里蒙特在夏天似乎一直很健康，只有在 9 月份花粉散布得很浓密时，他才会因过敏而生病。1931 年 10 月，斯通接到一封家书，说小克里蒙特又病了。斯通当时正在伊利诺伊州的潘第雅克推销保险，听到消息后他马上决定开始行动——为小克里蒙特选择一个可以使他立刻恢复健康的环境。

斯通对自己说："如果夏天小克里蒙特的健康状况良好，为什么不带他到天气温暖的地方？在过敏花粉散布很浓密的时候，为什么不带他到散布区之外呢？为什么不跟着太阳走呢？我们可以等他健康之后再回家。"

因此从 1931 年 11 月开始，斯通太太、小克里蒙特和斯通就开着车从一州到另一州。他们跟着太阳走了一年半的时光——冬天到南方，夏天到北方。小克里蒙特长胖了，越来越强壮。

他们住在最好的旅馆里。由于斯通需要钱，他向这些旅馆的经理人员卖保险，他们的旅馆费也给他打最低的折扣。

当时，斯通要在各州获得执照好让自己能在各州推销。他的想法是把以后更新的保险工作交给他已有的或即将雇用的推销员去做，现在还留在公司的推销员都是他亲手训练出来的。但那时，新英格兰地区的工厂停工了，宾州、亚利桑那州以及其他地方的矿场也停工了。弗吉尼亚州以及南方其他各州的棉花和花生由于价格太低，只好留在田里做肥料——价钱低得连运费都不够支付。得克萨斯州的石油是 60 美元一桶。不过，斯通训练的推销员却能一天很快地赚到 20 到 50 美元。因为贫穷的压力给了他们精神的激励，经验使得他们获得方法诀窍，而斯通教给了他们必需的专业知识。在斯通一年半的旅行期间，推销员已经减至 135 位。他们都受过斯通的亲自训练，但这 135 位推销员在不景气的几年中，业绩比经济景气时为他工作的 1000 多位没有受过训练的推销员的总业绩还好。

因此，为了增进儿子的健康而选择居住环境的同时，斯通也把好几项不利的情形转变为有利。他建立了继续扩大事业的坚固基础，同时意识到受环境因素的影响时，应该选择更有利于自己发展的环境。

如果你周围的环境没有太多刺激性，虽然你起初便感到不太满足，但一旦习惯了，逐渐安于现状，这样你的才能怎么会得到尽情发挥呢？你必须选择便于你发展的环境。

善于借用别人的方法诀窍

一个人寻求方法诀窍的智慧虽然是无限的，但能够开发的部分还是有限的，一个人的价值判断、社会历练、人生经验由于受到环境的影响也会呈现不足之处。此外，一个人的专长只可能有一两种，当面对复杂的社会环境时，这些基本条件就不够用了，因此，只好"借用"别人的方法诀窍。

借用别人的方法诀窍，可以弥补自己的不足。很多成功的人都善于借用别人的方法诀窍，像有些公司就专门聘用高级顾问，做重大决策之前必先开会讨论，遇到特殊事件，必找专家研究，这就是在借用别人的方法诀窍。因此也可以说，他们因为善于借用别人的方法诀窍而得到成功或提早成功！

你应该趁早培养一种借用别人方法诀窍的习惯，你可以与若干不同行业的朋友保持联系，把他们组成一个别有特色的"智囊团"。

借用别人的方法诀窍来做事，不仅可以使你把事情做得又快又好，还可以使你避免主观、武断！

尽管你认为自己才高八斗，虽有别人不及之处，但也有不及他人之处。那就借用别人的方法诀窍吧，这样做的人才是最聪明的人！

那么应该怎样借用别人的方法诀窍呢？看看下面几点建议吧！

聘用自己的顾问，组成"智囊团"。如果你在某一行业和领域不是内行，却可以找到这方面的专家，请他们为你服务。这种"借用"的代价虽然高一点儿，但值得！比起为你创造的价值，这一代价就不算高了。

借用朋友的方法诀窍。找朋友帮忙，可以说是最简单的方法了。你做不到的事，他们帮你解决了，这不也是借用其方法诀窍吗？

多多观察别人的成功模式，然后予以借鉴。走别人已经走过的路，利用他人的成功模式和经验，就可避免一些失败。

把别人的方法诀窍转化成自己的方法诀窍，自己在借用别人的方法诀窍的过程中，顺着别人方法诀窍的启发就可以得到成长，这正是一种快速掌握方法诀窍的绝佳方法！

平庸的人借用了别人的方法诀窍，可使事情做得更周全。换句话说，一个只有 60 分能力的人，如果借用了别人的方法诀窍，就可能做出 80 分的成绩。

"智者千虑，必有一失；愚者千虑，必有一得。"个人的寻求方法诀窍的能力是有限的，但如果将他人的"借"过来，岂不多了几分成功的机会！

向那些在你所追寻成功的道路上已经富有经验的人请教，能够把问题解决得更好些，可以减少一些困难和失误。所以，要想做一个成功者，你必须善于借用别人的方法诀窍。

失败是培养成功的营养素

福特汽车公司所生产的艾索车种曾经被消费大众视为重大的失败。福特公司损失了数以亿计的钱，还成为许多人的笑柄，最后他们不得不把这种车全数销毁。

但是这个故事并未就此结束，被人打倒并不代表失败，只有自己放弃才是真正的失败。福特公司没有自暴自弃，公司上下努力研发，推出了更新的车种"野马"。直至今日，它仍然是该公司销售量最大、获利最多的车种。工程师们又依据研发"野马"的心得，研发出"金牛座"车系，并且在美国汽车销售量中连续数年独占鳌头。

这个故事告诉我们，人难免会犯错，犯了错也并非十恶不赦的事，但是我们一定要从失败中吸取教训，找到使自己成功的正确方法，这才是做大事的开始。一个没有受过挫折的人，绝对无法发挥所有潜力。

有许多人曾经遭受无数次的失败，但是失败并没有使他们低头。他们一点儿也不灰心气馁，他们屡败屡试，直到成功为止。他们为什么会成功？答案是："失败！"不错，他们从成百上千次的失败中吸取宝贵的教训，知道避免失败的方法，换一句话说，失败是促使他们成功的主要因素。

许多经不起失败考验的人，只要遇上一点儿困难，就提不起继续尝试的勇气，这种人永远无法从失败中得到好处，更无从了解没有失败是绝对成不了大事的道理。这类人在遇到挫折后，便急忙为自己的失败辩护，为推卸责任找借口，从此销声匿迹，和成功断绝了关系。

事实上，失败是培养成功的营养素。因此，失败并不可怕，它是希望成功的人的必经之路，所以要达到成功的目的，你必须能接受失败的考验和善于吸取失败教训。这是任何一个成功的人都会点头承认的事实。

从失败、挫折中学习经验，找出正确的方法研制新产品，是福特公司成功的原因之一，我们也应该吸取这个故事所带来的启示，正视人生前进道路上所遭遇的失败，牢记"失败是成功之母"，在找到正确的方法诀窍之后，你也能让你的"艾索车种"驶向成功之路！

找出前进的正确路线

很多人经营一种行业或做一种工作极为成功，去经营新的行业或做另外一种工作却失败了。这是为什么呢？克里蒙特·斯通认为，这是因为他们凭经验得到技巧，在一种行业中爬升到顶端，但是进入另一种行业后，他们却不愿意去寻求新行业所需要的新知识和经验。同理也是这种原因导致一个人会在某一项行动中成功，而在另一项行动中失败。

理查·皮可林是斯通的朋友，他是一个了不起的人，是真正的君子——一位品行良好的人。他是人寿保险的法律顾问，事业极为成功，因为他所提出来的建议都是依自拟的问题的答案提出的。他的问题是："什么样的建议对我的顾客最有利？"经过几年之后，由于他还保留他在公司里面的续约佣金，赚了不少钱。

在皮可林先生 60 多岁时，他决定从芝加哥搬到佛罗里达州。那时候饭店生意很好，虽然他不知道怎样经营饭店，但是他也想要经营一家。而他在这方面仅有的经验只是做一名顾客而已。

皮可林先生的兴趣很高，开一家不满意，居然同时开了5 家。他卖掉了他的续约佣金权，把一切都投资在饭店上。然而不出 5 个月，他的饭店关门大吉，他宣布破产。

皮可林先生的故事，和那些成功者大手笔地经营一项新行业，而又不愿意获得必需的方法诀窍的情形大致相同。如果他只是买下饭店，掌管财务，或是为另一位经营饭店的专家工作，他会很快获得知识和经验，就不会失败了。

皮可林先生是一位有智慧的人，他是人寿保险行业的佼佼者，但这并不代表他同样可以是酒店行业的佼佼者。因为没有一行的方法诀窍是相同的，各行有各行的门道。如果皮可林先生能够在进军酒店行业时，像他在保险行业一样去努力寻找能指引自己成功的方法诀窍，那么他一定不会失败。

通往罗马的路不只一条，但每一条路都会有不同的走法，你必须找出你正在行走的这条道路的正确路线，这样你才能成功地到达罗马。

找到适合自身的方法诀窍

有很多时候，我们所寻找的方法诀窍是来之不易的。也许我们历尽千辛万苦，极力找寻，却发现成功好像仍然遥遥无期。我们是就此止步，还是用积极的人生观激励自己再度进取？

如果你不相信自己能够做成一件从未有人做过的事，那么你就永远不会做成它。一旦你能觉悟到外力之不足，而把一切都依赖于自己内在的能力时，那就好了，而且要越早越好。不要怀疑你自己的见解，要相信你自己，施展你的个性。

能够带着你向自己的目标迈进的力量，就蕴蓄在你的体内；蕴蓄在你的才能、你的胆量、你的坚韧力、你的决心、你的创造精神及你的品性中！

前面我们提到的利用自我激励而获得成功的卡尔·艾乐后来由于公司的所有权变动，加入在芝加哥的另一家广告机构。

在参加一次全国会议的时候，卡尔听说法斯脱—凯勒塞公司的亚利桑那州分公司要出售。"那真是一次机会，"卡尔后来对他的朋友们说，"但是我不知道怎样进行这件事情。所需要的金钱数目也很惊人。不过，'你背脊骨很硬——你很行'这句话又闪进我的脑中。"

他继续说："仙蒂和我很喜欢亚利桑那州。我也懂得这一行，我有一股不可抗拒的冲动要去抓住这次机会。我知道我要的是什么，而且我知道我会成功。更重要的是，我很想自己做一些大事。我既然能够为别人做得很好，我当然也可以为自己做得很好。但是我不知究竟该怎样买下这家分公司。其实，除了我没有钱之外，我具有一切的条件：知识、方法诀窍、经验、好的名声、了不起的朋友以及在吐桑地区的业务关系。"

那么卡尔是如何解决钱的问题呢？

"我有一个朋友在芝加哥哈理士信托储蓄银行贷款部工作，"卡尔回答说："他为我介绍了该部门的负责人。哈理士信托储蓄银行和在凤凰城的河谷国家银行协商，共同提供给我 6 年期的贷款。另外我有 9 位朋友也参加了股份。协议规定我可在 5 年之内任何时间以他们所付出的同样金额买回他们的股份。由于户外运动广告这一行的股份有很多税金和其他的好处，因此，买回这些股份对我和对他们来说都是很有利的。"

卡尔·艾乐的故事告诉我们，要想获得成功，事先不一定要知道前进道路上所遇的问题的答案——如果你的方向没有错的话。因为在进行中，你会遇到许多问题并——解决它们，重要的是你要相信自己能够把握前进的正确方向。

能够成就伟业的，永远是那些信任自己见解的人；那些敢于想人所不敢想、为人所不敢为的人；那些不怕孤立的人；那些勇敢而有创造力、往前人所未曾往的人。

如果我们想获得成功，我们必须找出适合自身的方法诀窍。或者是在不断练习中掌握技巧，或者是在经验中摸索捷径……不管我们采用哪种方式，我们必须知道引领我们驶向正确航道的方法诀窍是来之不易的，是需要我们不断付出努力才能找到的。

行动是成功的动力

思考不会使希望变为现实，期待也不会使理想变为现实，幻想更难使目标变为现实，只有你用行动去追寻希望和理想，只有当你挖掘出自己身上的内在潜力时，目标才会变成现实。

克里蒙特·斯通曾说过这样一条规律：行动先于结果，而且，有几分耕耘，就有几分收获。斯通认为，大多数人从未达到自己理想的目标，原因就在于他们没有采取会带来结果的行动。大多数人都曾有过幻想，但是绝少有人去行动而实现这些幻想。

你想不想增强自己的体魄？你想不想改善与别人的关系？你想不想改掉坏习惯？你想不想取得更好的成绩？你想不想解决你面临的困难？如果想，那就请你立刻行动吧！你任何的希望、理想和目标只有通过行动才能实现。

坐而言不如起而行

如果你以正确的方式工作，并运用正确的知识、有效的方法诀窍以及行动的激励——你只要花较少的时间就可以成功，然后你就可根据过去的经验推出成功的公式。

那么成功的公式究竟是什么呢？让我们先来看看克里蒙特·斯通是如何在众多失败者中脱颖而出的。

自从 1900 年保险业的哈瑞·吉博特从英国带回"联票合约意外保险"之后，很多美国保险公司也开始推销这种保险。美国人称这种保险为"即发意外保险"，因为这是推销员在推销成交时需要立即填写的保险单。这种保险主要是依赖"临时兜售"的方式来推销的。（临时兜售是指没有事先约定就去拜访一个不认识的人，并且向他推销东西。）

接连几年间，许多这类公司的代理商都推销得极为成功。不过，慢慢地推销这种保险的代理商和公司都停止推销或关门大吉了——只有一家例外。为什么呢？因为推销这种保险不再赚钱。事实上是他们没有得出一个成功的公式，或者即使他们曾弄出一个成功的公式，但是后来也遗失了。

那么哪一家例外呢？正是斯通所经营的这一家。斯通为什么会成功呢？因为他发展出一套永不失败的成功定律，他找到了成功的公式，因此他在一个星期里所推销出去的保险，比别人推销好几个月的还多。斯通相信坐而言不如起而行，因此他争取了许多宝贵的时间。

这就是为什么长期下来斯通成功而其他人却失败的原因。斯通把一切努力都集中在一种保险上，注意力也集中在这种保险的推销上，他想到什么，就会立刻动手做，绝不会空发议论，因此他节省了时间。斯通在一个小时里面做好几个小时的工作，正如他努力要使一块钱当作好几块钱用一样。

你可能会用错误的方式工作，或做错误的事情，由于当时的状况误打误撞偶然获得短暂的成功。甚至歪打正着地照了正确的方式去做而获得了一时的成功，但因为你没有把如何获得一时成功的原因归纳成一个公式，而终究失败。事实上，成功的公式很简单，那就是"坐而言不如起而行"。在任何时候，都不要在无用的事物上浪费时间，因为时间和精力是成功公式的重要因素。

千里之行，始于足下

我们已经明确了时间和精力是成功公式的重要因素，也知道了坐而言不如起而行，那么，我们应该怎样迈出成功的第一步呢？让我们来看看克里蒙特·斯通是如何从起点出发，创立他的保险王国的。

在克里蒙特·斯通自己推销保险的时候，在很多人看来他的收入已经很高了，但他似乎总是缺钱。车子分期付款、家具分期付款、人寿保险分期付款。或许是因为斯通先买了他所需要的东西，所以必须狂热地工作来偿付这些贷款。

斯通第一次到伊利诺伊州朱丽叶城去推销的时候，当早上 8 点 30 分他到达那里时，身上只剩一毛钱。他并不担心，相反地，这却激励他更加努力工作。

朱丽叶城离他家只有 64 公里，但是他不开车而坐火车去，每天晚上住在旅馆而不回家。因为在火车上他可以休息，他知道时间和精力是成功公式的重要因素，所以为了充分地利用时间和保存精力，他已经养成了在任何时间、任何地点都能睡觉的习惯。在火车上，他就把手肘放在窗缘上，头枕在手上睡。而每天晚上斯通也不回家，因为住在旅馆里，可以节省往返所浪费的时间，这样每天他至少可以睡 10 个小时。睡眠充足，使他精神焕发，当他去推销的时候，他就能集中精神，把一切都投注在推销谈话之中。

在朱丽叶城，斯通创下了有史以来个人推销保险的最高纪录，他 9 个工作日平均每天推销了 72 个保险。其中有一天斯通推销了 122 个。那是一个重要的日子，因为在第二天早晨斯通决定开始扩大，建立一个自己的保险组织。

在卖出 122 份保险的那天晚上，斯通非常快乐，但也非常疲倦。斯通比平时更早上床，梦中他还在推销保险。而到了第二天早晨，斯通知道他自己推销保险已经达到了最高峰。

吃早饭时，斯通思索着："如果我每天都推销 122 个保险，连在梦中还推销，这对我的心智大大不利，现在该是建立一个推销组织的时候了。"于是，在朱丽叶城完成了推销工作之后，斯通就履行了对自己的承诺，立刻开始雇用推销员。

当克里蒙特·斯通这样做的时候，出乎他意料的事发生了，他发现他内心的深处有一股自己不知道的力量，使他提高了视野，从而开创了一个自己的保险王国。

"千里之行，始于足下。"人生梦想的实现，重要的是你勇于迈出第一步。

一张地图，无论它多么详细，比例尺有多么精密，绝不能够带它的主人在地面上移动一寸。一项法律，不论它有多么公正，绝不能够预防罪恶的发生。同样，一个成功的原则，如果不付诸实施绝不会有丝毫收益。只有行动，才是起点，才能使你的幻想、你的计划、你的目标，成为一股活动的力量。要想成功，就赶快行动起来，从起点出发，勇敢地迈出第一步！

迈进未知领域的第一步

在你的人生记录上是不是有一些想做却未曾做的事？你应该知道任何事如果不付诸行动，那么即使你已经为它做出最完美的计划，也将是一纸空文。

你会找到许多机会进入未知的领域去完成你想做或应做的事，但首先你必须迈出第一步。创造一个最好的开始不要说"我要做一名实践者"，而是真正地马上行动起来。一个成功者伟大之处在于他的勇气，对于许多事情他可以说做就做，果断地迈出第一步。也许你会遭遇失败，但你不必灰心。你可以主宰自己的命运。顺着你的方向坚定地走下去，你就会像下面故事中的吉姆一样获得成功。

一天下午，美国意外保险公司主管唐诺·莫赫德走过华尔街时遇到他的朋友吉姆。

吉姆问道："唐诺，你知道我在什么地方可以找到一份工作吗？"

唐诺·莫赫德犹豫了一下，微笑着说："吉姆，请你明天早晨 8 点半到我办公室来找我。"

第二天早晨，吉姆来看唐诺。唐诺表示，要赚取高收入并为大众服务，最简单的方法就是去推销意外和健康保险。

"可是，"吉姆说，"我会怕得要死。我不知道向谁去推销，我一生从来没有推销过一样东西。"

"你用不着担心，"唐诺回答说，"我会告诉你怎样做。我每天早晨给你 5 个名单。然后你当天就按我给你的名单去拜访这 5 个人。如果需要的话，你可以提我的名字，但是不要告诉他们是我派你去的。"

由于吉姆急需工作，因此不用唐诺多费唇舌，他就决定应该试一试。于是，吉姆就拿了些推销说明和指导回家研读。几天之后，他在一个早上去找唐诺，拿了 5 个人的名单，开始从事一种新的行业。

"昨天真是令人兴奋的一天！"第二天早上吉姆回到唐诺的办公室时，满怀热忱地说，因为他已经推销了两个保险。

第二天他运气更好，因为他在 5 个人当中推销了 3 个保险。第三天早晨他带着 5 个人的名单冲出唐诺的办公室，充满着活力。这些真是好现象——他拜访了这 5 个人，卖出了 4 个保险。

当这位充满热忱的新手推销员在第四天早上到办公室报到的时候，唐诺正参加一项重要会议。吉姆在接待室里等了大约 15 分钟后，唐诺才从他的私人办公室走出来。他告诉吉姆："吉姆，我正在开一个极为重要的会议，可能要花一个上午。你用不着耽误时间。你就在分类电话簿上找 5 个名字好了；过去这三天我也是这么做的。来，我来告诉你我是怎么选 5 个人的名字的。"

唐诺随意打开了一本分类电话簿，挑选了上面一个广告，他将刊登广告的那家公司总裁的名字和地址写了下来。然后他说："现在你试试看。"

吉姆照着唐诺的方法做了。在他写下第一个人的名字和地址之后，唐诺又继续说："记着，推销成功的关键在于推销员的精神态度。你的事业是否能够获得成功，就要看你在拜访你所选择的对象时，是不是也能培养出以前你去拜访我所指定的对象时同样的人生观。你要对自己有信心，因为你已经成功地迈出第一步，我相信你能行！"

吉姆的事业就这么开始了，而且后来大为成功。因为他认识到这个道理——无论做什么事，只要自己有勇气迈出第一步，就一定会有所成。

追求成功就像是滚雪球——雪球由山顶上急滚直下，越滚越大。物质成就也是如此，你的成就越高，你对自己就会越有信心，结果也就更有成就，于是你的信心又会大增，满怀热情，生命绽放光彩，整个人充满朝气。

而一旦踏上成功的坦途，大多数人都能稳定地向前。有了好的开始，成功通常接踵而至。领悟到这一点之后，你就知道为什么必须积极地行动起来，因为迈出第一步，正是你成功地改变自己的世界的起点和原动力！

要么奋勇向前，要么灰心丧气

为什么许多人会成功呢？因为他们向前追求一个特别的目标，不断前进，直到达到目的为止。要阻止他们是难上加难。为什么许多人会失败呢？因为他们从来就不站起来出发——他们不前进，没有克服惰性，也不开始着手。

有一个众所周知的宇宙定律：使一个物体从静止中开始运动所需的能量，要比使一个已经动的物体继续运动所需要的多。一个人即使具有强烈的欲望，但对未知的畏惧常常使他不敢开始行动，那他将一事无成。而另一个人可能也很畏惧，但他还是采取行动——而一旦开始之后，他就不让任何事使他停下来。

1955 年，18 岁的金蒙特已是全美国最受喜爱、最有名气的年轻滑雪运动员了，她的照片被用作《体育画报》杂志的封面。金蒙特踌躇满志，积极地为参加奥运会预选赛做准备，大家都认为她一定能成功。

她当时的生活目标就是得奥运会金牌。然而，1955 年 1 月，一场悲剧使她的愿望成了泡影。在奥运会预选赛最后一轮比赛中，金蒙特因意外事故而受伤。

虽然金蒙特最终保住了性命，但她双肩以下的身体却永久性瘫痪了。而受伤后的金蒙特认识到活着的人只有两种选择：要么奋发向上，要么灰心丧气。她选择了奋勇向前，因为她对自己的能力仍然坚信不疑。她千方百计使自己从失望的痛苦中摆脱出来，去从事一项有益于公众的事业，以建立自己新的生活。几年来，她整日和医院、手术室、理疗和轮椅打交道，病情时好时坏，但她从未放弃过对有意义的生活的不断追求。

历尽艰难，金蒙特在学会了写字、打字、操纵轮椅、用特制汤匙进食后，她在加州大学洛杉矶分校选听了几门课程，想今后当一名教师。然而想当教师，对于金蒙特来说，简直是不可思议，因为她既不会走路，又没有受过师范训练。而录用教师的标准之一是要能上下楼梯走到教室，可她根本做不到。但此时，金蒙特的信念就是要成为一名教师，任何困难都不能动摇她的决心。

1963 年，金蒙特终于被华盛顿大学教育学院聘用。由于教学有方，她很快受到了学生们的尊敬和爱戴。

金蒙特终于获得了教授阅读课的聘任书。她酷爱自己的工作，学生们也喜欢她，师生间互相帮助、互相进步。

后来，由于她父亲去世了，全家不得不搬到曾拒绝她当教师的加利福尼亚州去。

金蒙特向洛杉矶的一个学校的官员提出申请，可当他们听说她的腿有问题时，就一口回绝了。然而金蒙特不是一个轻易就放弃努力的人，她决定向洛杉矶地区的 90 个教学区逐一申请。在她申请到 18 所学校时，已有 3 所学校表示愿意聘用她。最后，金蒙特接受了其中一所学校的聘用。这所学校对她要走的一些坡道进行了改造，以适于她的轮椅通行，这样，她从家里坐轮椅到学校去教书就不成问题了。另外，学校还破除了教师一定要站着授课的规定。

从此以后，金蒙特一直从事教师职业。每年暑假里她都去访问印第安人的居民区，给那里的孩子补课。

从 1955 年到现在，很多年过去了，金蒙特从未得过奥运金牌，但她的确得了一块金牌，那是为了表彰她的教学成绩而授予她的。

每一个人都渴望成功，但在成功的背后交织着无数泪水和汗水。成功是要付出代价的，所以，当我们定下成功的目标后，便要有毅力奋勇向前，努力克服随时会来的挑战，一时的失意也不必怨叹，鼓起勇气，去追求那些自己梦寐以求的事物，迈向成功就从现在开始。

追求梦寐以求的事物

在前面我们不仅一次地提到过你自己的思想和你所说的关于自己的话，会决定你的人生观。如果你有个心愿，不要找许多借口以为自己办不到，而要找出一个理由来说服自己一定能办到。

而实现心愿的原则之一是一旦决定一个目标时便要"行动"。克里蒙特·斯通的一段经历足可说明这一原则。

4月里一天晚上，克里蒙特·斯通去墨西哥城看望弗兰克和珂萝蒂夫妇时，珂萝蒂对他说："我真希望我们在嘉丁德尔皮利歌德·圣安琪那里能有栋房子。"（是那座美丽的城里最受人喜爱的地区。）

"怎么不买一栋呢？"斯通问。

弗兰克苦笑着说："哪有钱呢？"

"如果你晓得自己想要什么，有没有钱并没什么分别。"斯通说道，他告诉他们有许多人了解自己的目标，并相信自己一定能心想事成，然后立刻进行，最终获得了成功。

斯通还告诉他们，多年前他也买了一栋3万美元的新房子——头款付了1 500美元，没多久又把所有的余款都付清了。后来，当斯通和这对夫妇告别时，把自己所著的书送给了他们，并祝愿他们早日成功。

结果弗兰克和珂萝蒂变得胸有成竹。

第二年的 12 月，有一天斯通正在书房里看书，忽然接到珂萝蒂的电话，她告诉斯通："我们刚刚从墨西哥城到这里，弗兰克和我要做的第一件事就是谢谢你。"

"谢我什么？"斯通问道。

"为我们在圣安琪的新房子谢谢你。"

几天以后在斯通和弗兰克夫妇吃晚饭时，斯通终于知道了他们是如何获得在圣安琪的新房子的。珂萝蒂告诉斯通："有一个星期六的晚上，弗兰克跟我在家里休息，几个从美国来的朋友打电话问我们愿不愿意开车送他们去圣安琪。"

"当时我们两人都很累，何况那个礼拜稍早的时候已经送他们去过一次。弗兰克本想'求饶'的，忽然想起你书里的一句话——'帮助别人就是帮助自己'……"

"在我们载着他们经过那个'人间天堂'时，我看到梦寐以求的家——甚至连游泳池都是我羡慕已久的（珂萝蒂曾是游泳冠军）。"

后来，弗兰克把它买下了。因为他想到斯通曾说过只有行动才能让目标实现。

弗兰克告诉斯通："不妨告诉你，虽然那栋房子贵到 50 万比索（注：中南美诸国及菲律宾之货币单位），我却只付了 5 000 比索的定金。我们一家人住在圣安琪的花费比原来的房子少得多。"

"真的啊？为什么？"斯通吃惊地问。

"因为我们不只买了一栋，我们买下了那块土地上的两栋房子，租出去一栋的租金就够我们应付所有的开销了。"

这个其实也没什么稀奇。一个家庭买了两栋公寓，租出去一栋，自己住另一栋也很常见。不过，对于没有经验的人来说，听了弗兰克夫妇的故事，使他吃惊的是，在了解并运用成功原则后，弗兰克夫妇竟能轻易获得自己梦想的东西。弗兰克夫妇一直希望在圣安琪有一个属于自己的家，在遇到克里蒙特·斯通以前，他们不过把这一愿望当成不切实际的梦想，是斯通使他们坚定了自己的信念，他们付诸行动，终于把梦想变成了现实。

要想得到你梦寐以求的事物，你必须绝不迟疑，马上就做。对于一个有企图心的人而言，他会立刻行动，抱着破釜沉舟的态度，全力冲刺。他知道掌握分分秒秒、懂得把握最佳时间，不会让拖延苟且影响自己的办事效率，并且能够将积极主动的思想转化为具体有效的行为，从而获得成功。

如何克服畏惧心理

在我们进入未知领域时，产生畏惧心理是很正常的，那么，应该怎样克服这种怯懦和畏惧呢？让我们来看看克里蒙特·斯通还是孩子的时候，他是如何面对这个问题的。

斯通小时候，非常胆小。家里来了客人他就躲到另一间房间去，打雷的时候他会躲到床底下。但是有一天，斯通突然想："如果雷真要打下来，我就是躲在床下或屋子里的任何地方也一样危险。"因此，斯通决定征服这种畏惧。机会来了。有一天，风雨雷电交加，他强迫自己走到窗前，观看闪电。奇妙的是，他开始喜欢观赏雷电从天空打下来的美丽景象。从那以后，没有一个人比斯通更喜欢观赏雷电交加的奇景。

人遇到新的事情，处在新的环境中时，都会感到某种程度的畏惧。如何才能克服这种畏惧心理呢？以下是斯通提醒我们应该注意的：

1. 相信就是能力，我们怎么样，事情就会怎么变。我们要想成为坚强有才干的人，就要永远记住这个成功的准则：你认为你能你就能，大声地说这样的话，极力加以宣扬，并一再地把它注入我们的意识之中。

恐惧之所以能打败我们，使我们不敢前进、自觉虚弱渺小，那是因为我们的心智受到恐惧的左右。一旦我们无视这种危机，信心就会使我们产生一种以前一直隐藏着而没有发挥出来的超级力量，使我们做出前所未有的事来。

2. 不要把自己限制在狭窄的范围内，你必须发现真正的自我。要记住，没有任何人或任何事可以击败你，只要你不被自己软弱的心智打败。

一只在养鸡场孵化长大的老鹰，一直未感觉自己与小鸡有什么两样。直到有一天一只了不起的老鹰翱翔在养鸡场的上空，小鹰才感到自己的双翼下有一股奇特的力量，感觉火热的胸膛里正猛烈地跳着。它抬头看老鹰的时候，一种想法在心中："我和老鹰一样。养鸡场不是我待的地方，我要飞上青天，栖息在山岩之上。"最后它飞上了青山，到了高山的顶峰，它发现了伟大的自己。

每个人都有创造的潜能，不论遇到什么困难或危机，只要冷静而正确地思考，就能产生有效的行动，创造奇迹。

3. 你可以取得比任何已取得的成就更伟大的成就。人的本性中有一种潜在的不可征服的本质，不论遭到什么样的失败，他仍能走出困境和麻烦，登上成功的顶峰。

有些人太容易接受失败，还有一些人虽然一时并不甘心，但是麻烦和挫折消磨了他们的志气，最后也就倦怠、泄气，放弃了奋斗。只有具有坚定信心和充分勇气的人，才能历经人生艰苦的奋斗，获得最后的胜利。

正视你的畏惧，认清它的真面目，并且坚定地抗拒它。采取坚强的行动，站起来面对畏惧，下定决心，永远不让畏惧左右自己，即使平常的生活中，也不要受畏惧的支配。

感到畏惧的时候，你就去做你害怕的事，不久后你就不会再畏惧它了。

做你害怕去做的事

前面我们已经说过，当一个人突然面临新的、陌生的、奇特的和无法对付的刺激或者情况时，可能引起一种恐惧的反应。例如，来到一个新的环境，面对新的情况、新的任务，看着一群陌生的面孔，接触一些奇特的、不熟悉的事物，人们便会显得肌肉紧张，内心没底、气紧而难受、举止小心谨慎、血液膨胀、大脑空旷，浑身犹如罩在一个正在收束的网之中，这就是恐惧感受。而要消除这种恐惧的感受，我们可以从克里蒙特·斯通的亲身经历中吸取经验。

克里蒙特·斯通认为，在面对未知的领域时，应有勇气做你害怕去做的事情，去你害怕去的地方。你想逃避，是因为你畏惧去做某件事情，同时你让机会溜走了。

在斯通推销保险的头几年中，当他走近银行、铁路局、百货公司或其他大型机构的大门时，感到特别畏惧。因此他就过其门而不入。后来斯通发觉，他所经过的大门都是通往成功最好的机会。因为在那些地方推销保险比在小商号推销保险更容易。在大的机构推销可以获得更大的成功，因为其他的推销员也畏惧这些地方。他们也一样经过机会之门而不入。

其实，大机构里面的经理和职员，对推销员的抗拒情绪要比小商店行号里面的人弱。在小的商店行号里，每天总会有 5 个、10 个，甚至于 15 个推销员敢进去推销。在这种情形下，很多经理和职员就学会了说"不"来抗拒推销员。

而在一个大机构里的人，一位了不起的人，一位成功的人，一位从基层干到上面的人总是有同情心的，他会给别人机会，他会愿意帮助其他向上爬的人。

当斯通 19 岁时，母亲派他去密歇根州佛林特、沙吉那和港湾市重新签订合约，并向新客户推广。斯通在佛林特一切都很顺利，在沙吉那他推销得更为顺畅，每天都推销出很多保险。由于在港湾市只有两个合约要续签，斯通便写信给母亲，请她通知他们缓一点儿时间去续约，好让他继续在沙吉那工作。但是母亲打电话来，命令斯通离开沙吉那前往港湾市。虽然斯通很不情愿。但是还是去了，因为命令总是命令。

或许是因为叛逆性，期通在到达港湾市的旅馆之后，便把那两个要续约的人名取出来，丢进五斗柜的右上角抽屉里。然后前往一家最大的银行拜访出纳，他的名字叫理德。

在他们谈话的过程中，理德拿出一块金属识别牌说："我已经买了你们的保险和获得 15 年的钥匙链了。以前我在安阿博市的一家银行工作时就买了你们的保险。我最近才调到这里来。"

斯通谢了理德先生，并请他准许自己和其他人谈谈。理德先生答应了。于是，斯通让每一个人都知道理德先生已经接受他们的服务达 15 年之久了，结果大家都买了他的保险。

在这种动力之下，斯通继续挨店挨户地去推销。他拜访了当地的银行、保险公司和其他的大机构里的每一个人。就这样斯通在港湾市的两个星期内，每天平均推销出 48 个保险。

无畏，是人生命经历丰富的结晶。生命越千回百转，人生越荡气回肠，实践越扎实夯厚，人的胆量就越大，人也易遇险不惊、遇难不危，即使困难重重也毫不畏惧。

做你害怕去做的事，你会发现其实成功并不是很难；去你害怕去的地方，你会发现那里离你成功的目标更加接近。

现在就行动

从现在起，要想实现你梦寐以求的生活，就不要再说自己"倒霉"了。对于成功者来说，世界上不存在绝对的好时机，不存在厄运笼罩的日子。他们相信所有的机会、好运都是通过自己的行动争取而来的。

第二次世界大战期间，基尼·厄文·哈蒙在日本登陆马尼拉时是美国海军的文职雇员，他被俘在被送往战俘营之前，在一家旅馆里被关了两天。

第一天，基尼见到室友枕头下面有一本书。"借我看看好吗？"他问。这本书是克里蒙特·斯通和拿破仑·希尔合著的《成功之路·积极的人生观》。当基尼开始阅读时，克里蒙特·斯通所提倡的用积极的人生观激励自己采取行动给了他很大的冲击。

基尼在阅读这本书以前非常绝望，他战战兢兢地等着在战俘营中可能吃到的苦头，甚至于死亡。但在看完这本书以后，他的人生观有了转变，他内心重新充满了希望。他非常渴望拥有这本书，盼望在往后的恐怖时日里随身带着它。可是当他跟室友提起心中所想时，发现这本书对于它的主人意义非常重大。

"那么我把它复制下来好了。"他说。

"好啊！尽管去做吧！"室友回答。

因而基尼开始运用做事的秘诀，立刻动手。他用飞快的动作打字，一字字、一页页、一章章地打。他很担心这本书随时会被人拿走，因此不分昼夜地拼命赶。

幸亏他这么拼命，因为当最后一页刚打完不到 1 小时，敌人就把他带到恶名昭彰的"桑多拖马尸"战俘营去了。他能够及时完成要归功于他的即时开始。在 1 年 3 个月的被俘期间，基尼随身带着这本书稿。他看了一遍又一遍。它不仅供应他精神的粮食，并且鼓舞他去培养勇气、计划将来，并且保持身心健康。"桑多拖马尸"的许多战俘都因营养不良与恐惧——恐惧现在与恐惧未来，在身心两方面受到永久的创伤。而基尼却完全不同，他说："我离开'桑多拖马尸'时比关进去时更好——有更好的准备去迎接生命——在心理上更机敏。"从他的话里你可以深深体会出他的想法：要想成功就必须不断去努力行动，否则机会便会溜走。

"现在"就是行动的时候。这个成功的秘诀可以改变一个人的人生观，使他由消极转为积极，使原先可能糟糕透顶的一天变成愉快的一天。

"现在就做！"这句话是克里蒙特·斯通自我激励的话，它引发斯通采取行动。

从现在开始，连着几天，在每天早上和晚上以及白天随时想到的时候，就把"现在就做！"这句话重复说 50 次以上。这样你就可以把这句话深深印到潜意识中。每次当你不想去做有益的事的时候，"现在就做！"这句话就会从你的潜意识进到你的思想之中，让你立刻行动。

当你对未知产生畏惧，但因为那是正确的事，而你又想做的时候，你就对自己说："现在就做！"然后立刻采取行动。一旦你将"现在就做"变成一种习惯，你就会化解对未知事物的恐惧而走向成功！

变不可能为可能

要想成功，你必须要有勇气去做你害怕的事，在你的生活里把"不可能"这三个字排除掉，你要相信自己一定也能登上成功之巅。

如果你面对问题时受到"不可能"观念的骚扰，你可以对所谓不可能的因素展开一次实事求是、客观的研究。结果你会发现所谓的不可能，通常不过是源于对问题的情绪反应而已。而且你还会发现只要以冷静、理智的态度，来审视所涉及的诸事，你通常就能克服这些所谓的"不可能"。

军事上"不可能"成为"可能"的战役屡屡发生，我们应从中有所领悟。

1939 年 9 月 1 日拂晓，德国军队经过精心准备，突袭波兰。波兰军队仓皇应战，虽有一定的抵抗能力，但因准备不足，兵败如山倒。9月3日，英法两国对德国宣战，第二次世界大战从此爆发。法国并非波兰，法国兵力强大，拥有二三百万大军和先进的武器装备，国内的经济实力也不比德国差，特别是法国还拥有一条坚不可摧的马其诺防线。为了防备德国进攻，法国早在10年前就精心构筑了防线，从瑞士到比利时之间的东部国境的防御体系，一直修筑了6年。法国当时是欧洲最大的陆军强国。

然而在1940年，德军绕过这条固若金汤的防线攻入法国，德国装甲师选择的一条道路，正是法国将领们认为坦克不可能穿过的地带。防线失去作用，结果，一个月里，法军溃不成军。

这种"不可能"成为"可能"的战例还有很多：

在第二次世界大战中，盟军选择的登陆及向德军反攻的地点是诺曼底，那里的海浪及岩石海岸使德国认为任何规模的登陆都不可能选择在这样恶劣的地点进行。

在史称"布匿战争"之中，迦太基的统帅汉尼拔率军越过山高坡陡、道路崎岖、气候恶劣、终年积雪的阿尔卑斯山，这条道路是一条被认为不可能穿过的路径。罗马人做梦也想不到汉尼拔如此神速地出现在面前，猝不及防。

从这些战事中，我们可以从中受到的启发是：在成功这条道路上，布满坎坷，但绝没有不能攻克的难关。你必须有勇气面对难题，行动起来，在你的字典中把"不可能"这个词去掉，从心智中把这个观点铲除掉。谈话中不提它，想法中排除它，态度中去掉它、抛弃它，不再为它提供"原料"，不再为它寻找"市场"，而用"可能"来代替它，那么，你一定会实现自己的目标！

观察之后再行动

既然我们已经知道化不可能为可能是成功的又一个方法诀窍，那么，我们怎样把握化不可能为可能的时机呢？这就需要我们细心观察。我们由观察而想出的构想，会吓人一跳，可是根据它来行动，却会带来成功和财富。这有一个关于珍珠的故事，主角是美国青年约瑟夫·高士冬，他曾挨家挨户地把珠宝推销给爱奥华的农夫。

就在美国经济最不景气的时期，约瑟夫听说日本人正在生产美丽的养殖珍珠，这种养珠不仅质地好，价钱也比天然珍珠便宜。

他认为这是一个好机会。尽管那一年正逢经济不景气，他和妻子伊士德仍然把所有的家当都换成现金，然后前往东京。当时他们到达日本时身上只有不到 1 000 美元。

他们获得与日本珍珠商人协会会长北村先生面谈的机会。约瑟夫的理想很高，他告诉北村，他计划在美国买卖日本养珠，并要求北村给他价值 10 万美金珍珠的首期贷款。这个数目很惊人，尤其是在不景气之时，然而几天以后，北村却答应了他的要求。

珍珠销路非常好，几乎供不应求，约瑟夫一家越来越有钱。过了几年，他们决定开设自己的珍珠公司，在北村的协助下他们如愿以偿。这时他们再度观察到别人看不见的机会。他们由经验得知，母蚌经过人工植入异物后的死亡率高达50％以上。

"我们怎么消除这种损失呢？"他们想。

经过多方面的研究以后，约瑟夫家人开始采用医院手术室里的做法。他们把蚌壳刮洗干净，以减少细菌感染。这个"手术"是用一种液态麻醉剂让母蚌张开，在蚌里轻轻放进一粒小蛤球作为形成珍珠的核心；至于将蚌切开的工具是消过毒的手术刀。然后再把母蚌放进笼里，把笼子放回水中。每隔4个月便把笼子捞上来，替母蚌做一次身体检查。在运用这些技术以后，90％的母蚌都可以存活并且长出珍珠，约瑟夫一家人因此财源滚滚。

我们也许会接二连三地看到周围的人在学会运用心灵思考后成就非凡。而观察的能力不只是透过视网膜来接受光线的生理过程，还必须身体力行，学以致用。所以，在观察之后，付诸行动实在是太重要了，因为你一定要彻底实行，敏捷地行动起来，事情才能有所成。

行动敏捷，抢占先机

一个能够享有盛名、迅速成功的人，做起任何事情来，要做得清楚敏捷，处处得心应手；一个为人含糊不清的人，做起事来，一定也是含糊不清的。天下事不做则已，要做就要做得完善，不然你就一定会被淘汰。那些做起事来半途而废的人，任何人都不会对他产生信任。他开出去的借据没人愿意接受，他替人管理金钱，也没有人敢相信他，无论他走到哪里，都不会受人欢迎。

"对这个问题，我得先考虑考虑。"约翰在别人要他回答问题时，他总是这样回答。约翰要决定一件事时，总会考虑再三，人们经常怪他处事不果断。"他总是在决定某件事情上花费很多的时间，哪怕是件微不足道的小事。"他的女友这样评论他。而他周围还没有人对他有行事莽撞和容易冲动的印象。那些对他没有好感的人说他胆小如鼠，而约翰身材魁梧，从外表看，他绝不像个胆小的人，但从心理方面来说，用胆小如鼠形容他是有几分道理的。此外，他对一些可能引起争执的事也尽量避开，怕惹是生非。

约翰在获得企业管理的硕士学位后，就在一家国际性的化学公司工作。刚开始时，他对自己的职位相当满意。因为这一职位不但薪水可观，而且晋升的机会也很大。"无须从基层一步步做起，这实在太好了，"约翰在提到自己的好运时说道，"现在给我的职位比我原先期望的要高。"由于约翰对管理有着特殊的兴趣，而他学的又是这门专业，所以，他极想使自己的一些主张成为现实。"我觉得有许多事需要我去做！"他在参加工作 4 个月后说道。

然而，约翰在这家公司工作了 15 个月后，他才开始意识到自己的弱点，而这个弱点成为他事业发展道路上的主要障碍。在约翰担任新职不久就被邀请参加一个委员会，该委员会专门负责审理公司里的日常工作报告。这家公司的规模巨大，全世界都有分支机构，所以需要靠很多人的努力才能做出一份行之有效的审理报告。

而约翰的上司在这个委员会中把约翰同其他成员做了一番比较。在开展工作计划的头几个星期，这位上司注意到约翰的工作进度比其他人要慢得多。"抓紧点，约翰，动作快一些！"他的顶头上司友好而又认真地提醒他。

然而，约翰的速度并没有因为这句话而加快，反而更加慢了。"速度，"他憎恨地说，"这里工作唯一重要的就是速度。每个人都希望你能提前完成任务。"由于工作性质的关系，约翰工作速度慢的问题致使最高首脑管理机构从全世界各地发来的报告中得到的信息往往太迟，因而使得他们不能及时地采取相应的对策。在这种情况下，人们对约翰这种行事谨慎、慢条斯理的工作方法很反感。和他同组的一位同事用带有嘲讽的语气说道："要是你有什么坏消息，并希望它像蜗牛爬行似的传出去的话，那就把它交给约翰处理吧。"

后来这项工作计划在接近末尾时，约翰忽然发起蛮劲来，竟然工作得同别人一样快，由于他的这一行动，使他在这些事上没有受到多大伤害。"要是我愿意，我还是能够工作得同别人一样快的，"他非常懊恼地说道，"但这并不表示我喜欢这样做。"在随后的 5 年中，他获得两次提升的机会，但上升的幅度都不大。有一次，他的上司在谈话中告诉他的提升消息后，对他说："你工作表现不错，有时是速度慢了些，但总的来说是好的。"

不管是谁，都不会信任一个做起事来拖拖拉拉的人，因为他们在精神与工作上含糊粗拙，一点儿也靠不住，只要一看见他那粗拙的成绩，就会想到他的为人。这些人也许在其他方面有很多优点，但由于做事拖沓，很难得到别人的赏识，他们这种做事的方法将必然影响他们的前途。而要想获得成功，就应行动敏捷，这样才能抢占先机，从而拥有更多的财富！

走出自己的路

你要选择过最好的生活，就要依自己手中的彩料，去绘构绚丽的人生。

人的一生其实很简单，那就是走出自己的路来。

要想开展成功的生涯，实现自己的抱负，获得光明的人生，必须用一种积极的人生观，努力前行。"不积跬步，无以至千里。"看清你走的路，一步一步地跨出去，这就是成功之路。

高尔夫球场上有许多传奇性的人物——杰克·尼可拉斯、拜伦·尼尔森、鲍比·琼斯、班·贺根、阿诺·巴玛等等，但是无论从哪一方面来看，班·贺根几乎都可以说是数一数二的佼佼者。

贺根所得过的奖多得不胜枚举，包括1932到1970年间254次职业高球协会所办的比赛。在部队服役两年之后，贺根在1946到1948年之间，赢过30场比赛。但他最令人津津乐道的，则是他在1949年2月2日被一辆迎面而来的巴士撞倒后，几乎当场丧命的故事。起初，医生认为他很可能无法活下去，后来又诊断他一辈子都不能再走路或打高尔夫球。但是仅仅16个月之后，贺根竟然参加了1950年全美高尔夫球公开赛，并且在这场比赛中奇迹似的获胜。

只要一提起贺根的名字，真是有口皆碑。他对高尔夫球赛的努力不懈、坚定意志，以及力争上游的决心，更是受到许多人的赞叹。贺根对高尔夫球所下的研究，几乎可说是前无古人。他几乎把所有的时间都花在球场上练习，使自己的球技更臻于完美。

你也可以像贺根一样自由无碍地去做适合你的任何正当之事，不要总是想着名誉，不必考虑别人对你的看法，人生是你自己的事，不是别人的事。

在你的一生当中，一定要去完成几件你不想做，但应该去做的事；学几样你不想学，但应该去学的技能。

注意你的遭遇，它正是你人生的素材。就像冶矿一样，纯金是从矿土中炼出来的，你注定要在自己的顺逆成败遭遇中，走出光明的未来。

用微笑来迎接每一个早晨

要想创造出光明的未来，走好自己的路，你必须用微笑来迎接每一个早晨，将未来的每一天，都视为一个绝佳的时机，能让你完成昨天未竟的工作。做一个积极进取的人，将你每天的第一个小时谱下积极的主旋律，让接下来的这一整天的心情都与这个主旋律互相辉映。今天一去不复返，不要用错误的开始，或是根本还没开始，就把这一天给浪费掉了，毕竟你不是生来就失败的。

我们中间有很多人，每天早上都是带着恐惧的心情从床上起来，生怕这新的一天会有什么事情发生，殊不知我们对早晨这几个小时的态度，足以影响到接下来的这一整天，更有甚者，它还会影响到我们的明天，以及所有明天的明天。

譬如，有人整天絮絮叨叨，看什么事都不顺眼，动不动就抱怨这个抱怨那个，好像所有的人都做了对不起他的事；还有的人，生活漫无目的，整日无所事事，只会嫉妒别人的成就，自怨自艾为什么好运永远不会落在他的头上；此外，还有的人嗜酒如命、沉于药物、好财成性、饮食不知节制、消费成癖等，这些都称得上是对自己不负责任的表现。

你应有更好的方法去生活，你应满怀希望地去面对每一个早晨。用虔敬的心情去迎接这一天的来临，因为它包含着无数使你成功的机会；用笑声和爱心来问候你碰到的每一个人，不论敌友，都以温和亲切和诚恳的态度相待；充分利用这一去不回的宝贵时光，好好享受你学习上、工作上的成就感——这才是你该走的路。

永远不要因为别人泼你冷水，而害得自己一整天都笼罩在郁郁不乐的受挫情绪中。你要记住，想干鸡蛋里挑骨头的行业，是不需要头脑、不需要才华、不需要人格，便能愉快胜任的。除非你自己愿意接受，不然任何的外在事物都不能对你产生丝毫的影响。你的时间太宝贵了，不要浪费在对付那些卑鄙小人的憎恨和嫉妒上。你应将你那珍贵易碎的人生保护好，让它变得更加美好。

对自己负责

也许你可能会说虽然你自己也希望能以乐观的心态开始每一天，但由于大多数时你都生活在一种个性被束缚、发展受到阻碍的不良环境中，生活在一种足以挫伤人的热诚、消磨人的志气、分散人的精力、浪费人的时间的氛围中，所以你没有勇气去斩断束缚自己的枷锁，更没有毅力去抛弃一切可以凭借的东西，而仅仅依赖自己的努力去向更高的目标攀登，你往往会不由自主地步入一种独来独往、散漫无聊的环境中，而你的志向最终会因没有活动的空间而在失望之中归于毁灭。

假使你想成就事业上的伟大，想求得自我的充分发展，你就必须首先不惜任何代价，取得自由。

阻碍着你生命中的最高、最好的东西，使其不得发挥，这种损失，将无法补偿。所以，你当不惜任何牺牲，将它发挥出来！当然，要将你生命中最高、最好的东西发挥出来，你必须经历大量的痛苦、承受常人难以想象的磨难，要向各种阻碍和困苦做不懈的斗争。要知道：如果没有经过磨琢，钻石所内含的光芒和华美是绝不可能显现出来的，而磨琢就是将钻石从黑暗中释放出来所必需的过程。

许多人都被愚昧所囚禁，他们永远得不到自由，他们的精神永远被封锁着，从不对外开放。他们没有将自己从愚昧中释放出来的勇气，于是，本可以达到优越地位的他们，就只能终身屈居下层了。还有许多人更是为偏见与迷信的桎梏所束缚，于是他们的生命越来越狭隘渺小。这类人最可怜，他们已麻木到了不知自己不自由，反而硬要说别人不自由的程度。

消除一切足以阻碍、束缚我们的东西，步入一个自由而和谐的环境中，这是取得成功的第一要素。在我们的天性中，往往有部分受到了束缚，妨碍了我们去自由地办成"原来可以做成"的大事。尽管我们为人一世也许只能做些卑微渺小的事，但假使我们能够铲除一切阻碍束缚我们的东西，我们也能成就伟大的事业。

那些在世界上曾经成就过伟大事业的人，他们伟大的动力、宽广的心怀、丰富的经验，究竟是从哪里来的呢？成功者会告诉你，那是奋斗的结果；他们还会告诉你，他们正是在挣脱不自由、改变不良环境以及实现理想的种种努力中，使自己得到了最好的纪律训练，接受了最严格的品格修养。

有愿望而不能得到满足、有志向却被窒息，这最使人丧气。它会削弱人的能力、消灭人的希望、破灭人的理想，它会使人们的生命成为一种空壳，一张无法兑现的支票。

在一个人还没有将他生命中最高、最好的东西发挥出来，没有将他的天赋才能充分展现出来以前，他的生命不可能是幸福快乐的，不管他的处境怎样。

一个享有自由的普通人，可完全胜过一个处处受束缚的天才。

在今天，有许多人本来可以指挥别人的，现在却处处受制于人，就因为他们被债务、不良的交际及种种不良的习惯所束缚，致使自己失去表现能力的机会。

不管待遇怎样优裕、报酬怎样丰厚、地位怎样高不可攀，你千万不可以去从事一种妨碍你自由、光明磊落地做事的事业，你不应当让任何顾虑钳制你的行动！你应当将自由、独立作为你神圣不可侵犯的权利，只有这样，任何顾虑都不能使你放弃你所从事的事业。

一个本来有所作为的人，一旦他丧失了行动、言语与信仰的自由，这个损失是用什么也补偿不了的！一个本来可以独立自在、昂然坦荡过生活的青年人，一旦他落得卑躬屈膝、仰人鼻息、阿谀谄媚地度过一生，这种损失难道是金钱能够补偿的吗？

所以说一个人该尽的责任是对自己负责，而不是对别人负责。给自己一个充分发展的空间，摆脱一切束缚，这样你才是自由的，才可能不断进取。

你也能创造奇迹

奇迹在字典中的定义是："某种美好而能超过一切的品质。"积极思想之父诺曼·文森特·皮尔在《创造人生奇迹》一书中说过，奇迹是某种超过已知的人力或自然力的事，它还有"可以产生奇妙、了不起或不平常效果"的意义。这种心智的品质具有创造不可能事物的能量，当一个人期望出现奇迹时，他的心智就会立刻进入这一情况，开始期望奇迹发生，他不再消极，他的本能就会积极投注在问题上，就会释放出心智中本有的创造力。生活不再是涣散，而是凝聚。期望不利，就会赶走吉利；而期望吉事就会吸引吉事，所以我们应该以积极期望代替消极期望。

凯西·贺华斯与玛蒂娜·纳拉提诺娃交手之际，实在没有任何理由可以获胜。因为凯西在全世界的排名是45名，玛蒂娜则排名首位。在1981年，玛蒂娜没有输过任何一场球赛，而且已经连赢36场。1982年，玛蒂娜的纪录是赢球90场，只输过3场，而且她的对手都是世界上数一数二的高手，例如克里斯·爱佛特·洛伊德及潘·史利佛。何况，凯西·贺华斯只有17岁，又是第一次处于有6万名观众在现场观看比赛的压力之下。

这种比赛经常是新手先发制人，这一次也不例外，凯西在第一局以6：4领先。第二局中，玛蒂娜全力还击，以6：0的绝对优势获胜。第三局的比赛真是旗鼓相当，当双方以3：3的比数相持不下时，最关键的一球由玛蒂娜发出，观众们以为玛蒂娜必将获胜，然而万万想不到的是，完全居于劣势的凯西竟然赢了这场比赛。赛后，当有人问凯西她采取的是什么策略时，她的回答是："我一心一意只想赢球。"

凯西的这句话带给我们无限的深思，有太多人打球时只要不输就好，凯西·贺华斯却一心一意只想赢球，希望你和我也都能以她为楷模。

你要想梦想成真，首先给自己一个希望，期盼奇迹，并且保持你对这种奇迹的感觉向前行进。

而创造奇迹不只是要有梦想，还要看你平时的想法、工作以及坚持继续下去的情形。动脑筋思考、工作，以正确的人生观待人处事，付出你所有的一切，你就会发现自己正做着令人惊异的建设性工作。

你要继续探寻存在于你内心还没有展现出来的极为了不起的潜能，用科学的、有效的方法找到自己内心储存的丰富潜力。

你要一直去寻找更好的办法，这办法能改变你的一生。别让一个又一个的"理由"把你自己头脑中的主意扼杀掉。

你要知道，你自己就是一个奇迹，相信你可以使奇迹发生。

记住，奇迹是由相信他们行他们就行的人创造出来的。不相信奇迹会发生的人注定创造不了奇迹。信心加上美好的梦想，再加上认真工作，奇迹就会出现！

成功的蓝图

怎样才算是"成功"呢？恐怕没有一个人能一下子全面地回答这一问题。

有些人羡慕他人的成功，因为他们拥有自己的豪宅、汽车和金钱。这就是"利"上的"成功"，也是最为一般人所肯定的"成功"，而绝大部分人每天追求的也就是这种"成功"。

另外一种成功是"名"上的成功，像政府官员、著名演员、社团负责人等。这种"名"也是很多人追求的，因为一旦有了"名"，"地位"也会随之高升，哪怕他的名是不择手段得来的。这也是一种社会现实！

前面我们说过，人被物欲所牵，就等于被罗网所系，而执迷于名利和野心，就无异将自己困于牢笼。

欲望和野心，会催促着人们想要占有更多名利。而人一旦陷入野心的沟壑，就爬不出来，成为物欲的囚徒，失去开放自由的心情，即使你拥有许多名利，也一样快乐不起来。但是人们只要想到拥有，无论是名是利，总是多多益善。事实上，野心越大，失去的自由也越多。

有一位面包师傅，他手艺很好，每逢有朋友去看他，他总是很得意地介绍他做的面包。朋友问他为什么不自己开家面包店，或是到大饭店去，他说："这个地方可以让我自由发挥，而且听到客人称赞我做的面包好吃，我就感觉很爽！"

这位师傅和足以令人"尊敬"的"名"和"利"的成功离得很远。在世俗的眼光里，他是个小人物，谈不上"成功"，但在他自己的世界里，他成功了，因为他的自我得到了满足！

没错，人需要的正是这种"自我满足"，也就是做自己喜欢做的事，过自己喜欢过的生活，并从中获得满足，这就是成功！换句话说，在名利场中获得满足是"成功"，在平淡生活中获得满足也是"成功"；在服务他人的工作上获得满足是"成功"；在专业领域上获得满足也是"成功"！这种

"成功"是由自己判定，而不是由别人打分数的！

"怎样才算是成功？"这个问题的答案都在各人的心中。

一个人成功应由自己来判定，而不是由别人来衡量，否则，那就是别人的成功了。

你给自己的人生描绘的是一幅什么样的"成功蓝图"呢？